Herzlichen Glückwunsch

Und Dankeschön für den Kauf dieses Buches. Im weißen Feld finden Sie Ihren persönlichen Code, mit dem Sie exklusiv und kostenlos Zugang zur elektronisches Version des Buches erhalten.

WpNhP-EqNpX-Zoi8c-pEJ0T

Registrieren Sie sich unter
www.hanser.de/ebookinside
und das elektronische Buch steht Ihnen zur Verfügung.

Endres, Siebert-Raths
Technische Biopolymere

Die Internet-Plattform für Entscheider!

- **Exklusiv:** Das Online-Archiv der Zeitschrift Kunststoffe!
- **Richtungweisend:** Fach- und Brancheninformationen stets top-aktuell!
- **Informativ:** News, wichtige Termine, Bookshop, neue Produkte und der Stellenmarkt der Kunststoffindustrie

Immer einen Click voraus!

Hans-Josef Endres
Andrea Siebert-Raths

Technische Biopolymere

Rahmenbedingungen, Marktsituation, Herstellung, Aufbau und Eigenschaften

HANSER

Die Autoren:
Prof. Dr.-Ing. Hans-Josef Endres
Dipl.-Ing. Andrea Siebert-Raths
Fachhochschule Hannover, Ricklinger Stadtweg 120, 30459 Hannover

Bibliografische Information Der Deutschen Bibliothek:
Die Deutsche Bibliothek verzeichnet diese Publikation in der Deutschen Nationalbibliografie; detaillierte bibliografische Daten sind im Internet über <http://dnb.d-nb.de> abrufbar.

ISBN: 978-3-446-41683-3

Die Wiedergabe von Gebrauchsnamen, Handelsnamen, Warenbezeichnungen usw. in diesem Werk berechtigt auch ohne besondere Kennzeichnung nicht zu der Annahme, dass solche Namen im Sinne der Warenzeichen- und Markenschutzgesetzgebung als frei zu betrachten wären und daher von jedermann benutzt werden dürften.

Alle in diesem Buch enthaltenen Verfahren bzw. Daten wurden nach bestem Wissen erstellt und mit Sorgfalt getestet. Dennoch sind Fehler nicht ganz auszuschließen. Aus diesem Grund sind die in diesem Buch enthaltenen Verfahren und Daten mit keiner Verpflichtung oder Garantie irgendeiner Art verbunden. Autor und Verlag übernehmen infolgedessen keine Verantwortung und werden keine daraus folgende oder sonstige Haftung übernehmen, die auf irgendeine Art aus der Benutzung dieser Verfahren oder Daten oder Teilen davon entsteht.

Dieses Werk ist urheberrechtlich geschützt. Alle Rechte, auch die der Übersetzung, des Nachdruckes und der Vervielfältigung des Buches oder Teilen daraus, vorbehalten. Kein Teil des Werkes darf ohne schriftliche Einwilligung des Verlages in irgendeiner Form (Fotokopie, Mikrofilm oder einem anderen Verfahren), auch nicht für Zwecke der Unterrichtsgestaltung – mit Ausnahme der in den §§ 53, 54 URG genannten Sonderfälle – reproduziert oder unter Verwendung elektronischer Systeme verarbeitet, vervielfältigt oder verbreitet werden.

© Carl Hanser Verlag, München 2009
Herstellung: Steffen Jörg
Satz: le-tex publishing services GmbH, Leipzig
Coverconcept: Marc Müller-Bremer, www.rebranding.de, München
Coverrealisierung: Stephan Rönigk
Druck und Bindung: Kösel, Krugzell
Printed in Germany

Vorwort

Bei der Werkstoffgruppe der Biopolymere handelt es sich nicht um eine völlig neue Werkstoffart, sondern vielmehr um neuartige Polymerwerkstoffe innerhalb der altbekannten Werkstoffklasse der Kunststoffe. Für Biopolymere gelten daher auch genau die gleichen Zusammenhänge zwischen mikrostrukturellem Aufbau und den makroskopischen Verarbeitungs-, Gebrauchs- und Entsorgungseigenschaften, wie sie von den konventionellen Kunststoffen schon seit langer Zeit bekannt sind.

Dieses Buch soll dazu beitragen, das Verständnis über die neuartigen Biopolymere als Werkstoffe zu erhöhen. Im Gegensatz zu den meisten, bisher zu diesem Thema erschienenen Büchern, werden dazu im Rahmen dieses Buches die Biopolymere umfassend aus materialtechnischer Sicht dargestellt. Im Hinblick auf den praktischen Einsatz als Polymerwerkstoffe werden die technischen Eigenschaftsprofile der Biopolymere soweit bekannt, im Vergleich zu den konventionellen Kunststoffen ausführlich beschrieben. Neben den Verarbeitungs- und Gebrauchseigenschaften werden außerdem die Herstellung, der chemische Aufbau, die Mikrostruktur, die spezifischen, inzwischen vielfältigen Prüfnormen sowie die zughörigen rechtlichen Rahmenbedingungen und die Entsorgungseigenschaften der Biopolymere im Kontext zum Thema Nachhaltigkeit beschrieben.

Um dem interessierten Anwender am Ende die Suche nach geeigneten Biopolymerwerkstoffen und auch die Kontaktaufnahme mit den Materialherstellern zu erleichtern, enthält dieses Buch außerdem eine umfangreiche Marktbeschreibung über die verschiedenen kommerziell erhältlichen Biopolymerwerkstoffe, deren Hersteller und Verarbeiter.

Anfang der 80er-Jahre erlebten die damals neu entwickelten Biopolymere eine starke Euphorie als zukünftige erdölunabhängige Polymerwerkstoffe. Aufgrund der zu diesem Zeitpunkt jedoch noch unausgereiften Materialeigenschaften und eines unbefriedigenden Preis-/Leistungs-Verhältnisses dieser ersten Biopolymergeneration setzte jedoch bald wieder einer Ernüchterung ein, gefolgt von einer Weiterentwicklung bzw. Optimierung der neuartigen Biopolymerwerkstoffe. In den letzten Jahren verzeichnet die inzwischen zweite Generation der weiterentwickelten Biopolymere ein dynamisches, jährlich zweistelliges Marktwachstum.

In Europa und Amerika konzentrieren sich dabei die Entwicklungsarbeiten und folglich auch der Einsatz der Biopolymerwerkstoffe nahezu ausschließlich auf den Bereich kompostierbarer Verpackungen oder anderer kurzlebiger Produkte.

Initiiert aus Asien, rückt jedoch inzwischen auch in Europa bei den Biopolymeren verstärkt die Frage nach der Verfügbarkeit der eingesetzten Materialrohstoffe gegenüber der Kompostierbarkeit als Entsorgungsoption in den Vordergrund. Statt bioabbaubarer Werkstoffe werden aktuell für die Biopolymere der dritten Generation biobasierte und beständige Werkstoffe für technische Anwendungen auch außerhalb des Verpackungsbereiches entwickelt, z. B. für die Automobil- oder Textilindustrie.

Bezüglich der Langzeiteigenschaften (z. B. Kriechbeständigkeit, Spannungsrelaxation, UV-Beständigkeit, Ermüdungsverhalten, thermische Beständigkeit) gibt es bei den Biopolymeren aber bisher nahezu noch keine Erkenntnisse.

Auch im Hinblick auf eine industrielle Verarbeitbarkeit und der entsprechenden rheologischen Verarbeitungskennwerte gibt es aus kunststofftechnischer Sicht im Bereich der Biopolymere nur lückenhafte Informationen.

Da es bei den Biopolymerherstellern ein stark ausgeprägtes Konkurrenzdenken gibt, existieren im Gegensatz zu den konventionellen Kunststoffen auch keine Bemühungen einheitliche, umfassende und vergleichbare Werkstoffinformationen zusammengefasst an einer Stelle in einer allgemein zugänglichen Form bereitzustellen.

Parallel und ergänzend zu diesem Buch wird daher in Zusammenarbeit mit der Fa. M-Base Engineering + Software GmbH in Anlehnung an die für konventionelle Kunststoffe international bekannte Polymerdatenbank Campus bis Ende 2009 auch für die Biopolymere eine Datenbank entwickelt und erstellt, in der die Eigenschaften der neuartigen, kommerziell erhältlichen Biopolymere möglichst vollständig und vergleichbar dargestellt werden. Dazu werden von den Autoren derzeit alle am Markt verfügbaren Biopolymere nach den entsprechenden Prüfstandards charakterisiert. Einige Ergebnisse dieser Untersuchungen sind bereits in zusammengefasster Form in diesem Buch enthalten.

Im Bezug auf die Materialentwicklung stehen die Biopolymere erst am Anfang. Zukünftige Materialentwicklungen werden sich, ähnlich wie bei den konventionellen Kunststoffen auch, nicht nur auf neue Monomere oder neuartige Polymere, sondern auch mehr auf die Weiterentwicklung der bestehenden Polymere durch die Erzeugung von Co- und Terpolymeren, Blending und Additivierung konzentrieren. Hier kann und sollte unbedingt auf die umfangreich vorhandenen Erfahrungen im Bereich der konventionellen Kunststoffe zurückgegriffen werden.

Andrea Siebert-Raths,
Hans-Josef Endres,
Hannover, im Juni 2009

Inhaltsverzeichnis

1 **Einleitung** 1
  1.1 Themenabgrenzung 1
  1.2 Was sind Biopolymere? 5
      1.2.1 Abbaubare petrobasierte Biopolymere 6
      1.2.2 Abbaubare biobasierte Biopolymere 6
      1.2.3 Nicht abbaubare biobasierte Biopolymere 7
      1.2.4 Blends und Copolymere aus den verschiedenen Rohstoff- und Werkstoffgruppen 8
  1.3 Rahmenbedingungen für Biopolymere 9
      1.3.1 Entsorgung konventioneller und bioabbaubarer Kunststoffe 9
      1.3.2 Limitierung petrochemischer Ressourcen 13
      1.3.3 Zunehmendes Umweltbewusstsein 18
      1.3.4 Nachhaltigkeit als Teil der Unternehmensstrategie ... 19

2 **Stand der Kenntnisse** 21
  2.1 Historie von Biopolymeren 21
  2.2 Biopolymer-Werkstoffgenerationen 22
  2.3 Biologische Abbaubarkeit und Kompostierbarkeit 24
  2.4 Oxoabbaubarkeit 28
  2.5 Rohstoff- und Flächenbedarf zur Biopolymererzeugung 29
  2.6 Nachhaltigkeit und Entropieeffizienz von Biopolymeren ... 39
  2.7 Patentrechtliche Situation von Biopolymeren 46

3 **Rechtliche Rahmenbedingungen für Biopolymere** 49
  3.1 Deutsche Verpackungsverordnung 49
      3.1.1 Anwendungen ohne Entsorgungserfordernis 49
      3.1.2 Anwendungen mit Entsorgungserfordernis 49
      3.1.3 Novellierung der deutschen Verpackungsverordnung . 51
  3.2 Übergeordnete Standards zur Prüfung der Kompostierbarkeit . 53
      3.2.1 DIN V 54900 54
      3.2.2 DIN EN 13432 57
      3.2.3 DIN EN 14995 58
      3.2.4 ISO 17088 58

		3.2.5	ASTM D6400	58
		3.2.6	ASTM D6868	59
		3.2.7	AS 4736	59
		3.2.8	Vergleich der übergeordneten Normen/Standards	60
	3.3	Prüfnormen zur Durchführung (Normative Verweisungen)		62
		3.3.1	Richtlinien	63
		3.3.1.1	ASTM D6002	63
		3.3.1.2	AS 4454	63
		3.3.2	Normen zu Verpackungen (Allgemein)	64
		3.3.2.1	DIN EN 13193	64
		3.3.2.2	DIN EN 13427	64
		3.3.2.3	DIN EN ISO 472	65
		3.3.2.4	ASTM D883	65
		3.3.3	Aerober Bioabbau – aquatisch	65
		3.3.3.1	DIN EN ISO 10634	65
		3.3.3.2	DIN EN ISO 14851	65
		3.3.3.3	DIN EN ISO 14852	66
		3.3.3.4	ISO 9408	66
		3.3.4	Aerober Bioabbau – terrestrisch	67
		3.3.4.1	Kompostierung	67
		3.3.4.1.1	DIN EN ISO 14855	67
		3.3.4.1.2	ASTM D5338	67
		3.3.4.2	Desintegration	67
		3.3.4.2.1	DIN EN 14045	67
		3.3.4.2.2	DIN EN 14046	68
		3.3.4.2.3	DIN EN 14806	68
		3.3.4.2.4	ISO 16929	68
		3.3.4.2.5	DIN EN ISO 20200	69
		3.3.4.3	Erdreich (DIN EN ISO 17556)	69
		3.3.5	Anaerober Bioabbau	69
		3.3.5.1	DIN EN ISO 11734	69
		3.3.5.2	ISO 14853	69
		3.3.5.3	ISO 15985	70
		3.3.6	ASTM D6866 (^{14}C-Methode)	70
		3.3.7	OECD-Richtlinien	71
		3.3.8	Japanische Standards	72
		3.3.8.1	JIS K 6950	72

		3.3.8.2	JIS K 6951	73
		3.3.8.3	JIS K 6952	73
		3.3.8.4	JIS K 6953	73
		3.3.8.5	JIS K 6954	73
		3.3.8.6	JIS K 6955	73
	3.3.9		VDI 4427	73
3.4	Zulässige Hilfsstoffe und Additive			74
3.5	Zertifizierung der Kompostierbarkeit			75
3.6	Angrenzende Verordnungen			81
	3.6.1	Biopolymere im Kontext der Abfallablagerungsverordnung		81
	3.6.2	Biopolymere im Kontext der deutschen Kompostverordnung		83
	3.6.3	Biopolymere im Kontext der Düngemittelverordnung		86
3.7	Abfallentsorgung in der EU			86

4 Herstellung und chemischer Aufbau von Biopolymeren ... 91

4.1	Herstellung von Biopolymeren			91
	4.1.1	Chemische Synthese petrochemischer Rohstoffe		94
		4.1.1.1	Polyvinylalkohol (PVAL)	94
		4.1.1.2	Polyvinylbutyral (PVB)	100
		4.1.1.3	Polycaprolacton (PCL)	102
		4.1.1.4	Sonstige	103
	4.1.2	Chemische Synthese biobasierter Rohstoffe		103
		4.1.2.1	Polylactide (PLA)	103
		4.1.2.2	Bio-Co- und Terpolyester	108
		4.1.2.3	(Bio-)Polyurethane (BIO-PUR)	113
		4.1.2.4	(Bio-)Polyamide (BIO-PA)	114
		4.1.2.5	Drop-in-Lösungen	120
	4.1.3	Direkte Biosynthese der Biopolymere		121
	4.1.4	Modifizierung nachwachsender Rohstoffe		128
		4.1.4.1	Stärkepolymere	128
		4.1.4.2	Cellulosepolymere	136
		4.1.4.3	Lignin	146
		4.1.4.4	Pflanzenölbasierte Biopolymere	147
		4.1.4.5	Chitin, Chitosan	148
		4.1.4.6	Casein-Kunststoffe (CS oder CSF)	150
		4.1.4.7	Gelatine	151
	4.1.5	Blends		151

4.2		Chemische Struktur der Biopolymere	152
	4.2.1	Polymethylene	153
	4.2.1.1	(Bio-)Polyethylen (Bio-PE)	153
	4.2.1.2	Polyvinyle (Polyvinylalkohol)	153
	4.2.1.3	Polyvinylacetale (Polyvinylbutyral)	155
	4.2.2	Polyether (Polyglykole)	155
	4.2.3	Polysaccharidpolymere	156
	4.2.3.1	Celluloseregenerate (CH)	157
	4.2.3.2	Celluloseether (MC, EC, HPC, CMC, BC)	157
	4.2.3.3	Celluloseester (CA, CP, CB, CN, CAB, CAP)	159
	4.2.3.4	Destrukturierte thermoplastische Stärke (TPS)	160
	4.2.3.5	Stärkeacetat	160
	4.2.4	(Bio-)Polyester	161
	4.2.4.1	Polylactid (PLA)	162
	4.2.4.2	Polyhydroxybutyrat (PHB)	162
	4.2.4.3	Polyhydroxyvalerat (PHV)	162
	4.2.4.4	Polyhydroxyhexonat (PHH)	162
	4.2.4.5	Polyhydroxyoctanoat (PHO)	163
	4.2.4.6	Polycaprolacton (PCL)	163
	4.2.4.7	Polyglykolsäuren (PGA)	163
	4.2.4.8	PLA-Copolymere	163
	4.2.4.9	PHA-Copolymere	163
	4.2.4.10	Polybutylensuccinat (PBS)	165
	4.2.4.11	Polybutylensuccinat-Adipat (PBSA)	166
	4.2.4.12	Polytrimethylenterephthalat (PTT)	166
	4.2.4.13	Polybutylenterephthalat (PBT)	167
	4.2.4.14	Polybutylenadipat-Terephthalat (PBAT)	167
	4.2.4.15	Polybutylensuccinat-Terephthalat (PBST)	167
	4.2.5	(Bio-)Polyamide (Bio-PA)	168
	4.2.5.1	Homopolyamide	169
	4.2.5.2	Copolyamide	169
	4.2.5.3	Polyesteramide (PEA)	171
	4.2.6	(Bio-)Polyurethane (Bio-PUR)	171
	4.2.7	Proteinbasierte Polymere	172
	4.2.8	Polyvinylpyrrolidon (PVP)	173

5	**Technische Eigenschaftsprofile von Biopolymeren**		175
5.1	Eigenschaftsprofile der wichtigsten Biopolymere		176
	5.1.1	Polyvinylalkohole (PVAL)	176
	5.1.2	Polycaprolacton (PCL)	183
	5.1.3	Polyhydroxyalkanoate (PHA)	184
	5.1.4	Polylacticacid (PLA)	187
	5.1.5	PLA-Blends	192
	5.1.6	Bio-Copolyester	194
	5.1.7	Stärke/Stärkeblends/Thermoplastische Stärke (TPS)	195
	5.1.8	Celluloseregenerate (CH)	197
	5.1.9	Cellulosederivate (CA, CP, CB, CN, CAB, CAP)	199
	5.1.10	Bio-PE, Bio-PP, Bio-PA, Bio-PUR	202
5.2	Eigenschaften im Vergleich zu konventionellen Kunststoffen		202
	5.2.1	Biopolymerwerkstoffe für Spritzgussanwendungen	203
	5.2.1.1	Mechanische Kennwerte	203
	5.2.1.2	Thermomechanische Eigenschaften	208
	5.2.1.3	Verarbeitungseigenschaften	211
	5.2.1.4	Ökonomische Eigenschaften	218
	5.2.1.5	Preisspezifische Eigenschaften	220
	5.2.2	Biopolymerfolienwerkstoffe	225
	5.2.2.1	Lebensmittelrechtliche Zulassung	225
	5.2.2.2	Zertifizierung der Kompostierbarkeit	228
	5.2.2.3	Barriereeigenschaften	235
	5.2.2.4	Physikalisch-chemische Eigenschaften	239
	5.2.2.5	Mechanische Folienkennwerte	240
	5.2.2.6	Verarbeitungseigenschaften von Biopolymerfolien	242
	5.2.2.7	Ökonomische Folieneigenschaften	244
	5.2.3	Fazit für zukünftige Anwendungen	247
6	**End-of-Life-Options von Biopolymeren**		251
6.1	Deponie		251
6.2	Recycling		253
	6.2.1	Thermomechanisches Recycling	253
	6.2.2	Chemisches Recycling	254
6.3	Kompostierung		254
	6.3.1	Industrielle Kompostierung	255
	6.3.2	Häusliche Kompostierung	255

		6.4	Verbrennung	256
		6.4.1	Brennwerte von Biopolymeren	256
		6.4.2	Emissionen bei der Verbrennung von Biopolymeren	259
	6.5		Biogaserzeugung	262
	6.6		Produktspezifische Entsorgung	264
		6.6.1	Auflösen/Abbau in Wasser	264
		6.6.2	Auflösen/Abbau im Erdreich	265
		6.6.3	Auflösen/Abbau im Organismus (Verzehren, Bioabbau)	265
	6.7		Littern	266
7	**Ökobilanzierung von Biopolymeren**			267
	7.1		Methodik der Ökobilanzierung	267
		7.1.1	Festlegung des Zieles und des Untersuchungsrahmens	269
		7.1.2	Erstellung einer Sachbilanz	269
		7.1.3	Wirkungsabschätzung	270
		7.1.4	Auswerten der Ergebnisse	274
	7.2		Daten zur Ökobilanz von Biopolymeren	275
8	**Darstellung des Biopolymermarktes**			281
	8.1		Aktuelle Verfügbarkeit und zukünftige Kapazitäten	281
	8.2		Aktuelle Preissituation	288
	8.3		Marktakteure im Bereich biologisch abbaubarer Polymere	290
	8.4		Biopolymerhersteller und Materialtypen	291
		8.4.2	Absorbable Polymer Technologies	302
		8.4.3	Acetati S.p.A.	303
		8.4.4	Agrana Stärke GmbH	303
		8.4.5	Albis Plastics GmbH	303
		8.4.6	Archer Daniels Midland Company (ADM)	304
		8.4.7	Arkema	304
		8.4.8	BASF SE	305
		8.4.9	Bayer AG	306
		8.4.10	Biocycle	306
		8.4.11	Biograde Limited	307
		8.4.12	BioMatera	308
		8.4.13	Biomer	308
		8.4.14	Bio-Natural Technology Co., Ltd.	309
		8.4.15	Bio-On srl	309
		8.4.16	BIOP Biopolymer Technologies AG	310

8.4.17	Biopearls	311
8.4.18	Biostarch	311
8.4.19	BIOTEC Biologische Verpackungen GmbH & Co.KG	312
8.4.20	Birmingham Polymers	312
8.4.21	Braskem	313
8.4.22	Cargill Dow LLC	313
8.4.23	Cargill Inc.	314
8.4.24	Celanese	314
8.4.25	Cereplast Inc.	315
8.4.26	Cerestech Inc.	315
8.4.27	Chengu Dikang Biomedical Co., Ltd	316
8.4.28	Chinese Acadamy of Science, Changchun Institute of Applied Chemistry (CIAC)	317
8.4.29	Chronopol Inc.	317
8.4.30	Corn Products International Inc	317
8.4.31	Crystalsev Comércio E Representacao Ltda.	318
8.4.32	Daicel Chemicals Industries Ltd	318
8.4.33	Dainippon Ink and Chemicals	318
8.4.34	DaniMer Scientific	319
8.4.35	DIC Corporation	319
8.4.36	Dow Chemical Company	320
8.4.37	DSM N.V.	320
8.4.38	DuPont	321
8.4.39	DuPont Tate&Lyle Bio Products, LLC	323
8.4.40	DURECT Corporation	323
8.4.41	Eastman Chemical Company	324
8.4.42	Elastogran GmbH	324
8.4.43	Fasal Wood KEG	325
8.4.44	FKuR Kunststoff GmbH	325
8.4.45	Futerro	328
8.4.46	FuturaMat	328
8.4.47	Galactic	329
8.4.48	German Bioplastics Merzenich & Strauß GmbH	330
8.4.49	Grace Biotech Corporation	330
8.4.50	Guangzhou Bright China Biotechnological Co., Ltd.	330
8.4.51	Harbin Weilida Pharmaceuticals Co.Ltd.	330
8.4.52	Henan Piaoan Group Company Ltd.	331
8.4.53	Heritage Plastics, Inc.	331

8.4.54	Hisun Biomaterials Co., Ltd.	332
8.4.55	Hobum Oleochemicals GmbH	332
8.4.56	ICO Polymers	333
8.4.57	Idroplax Srl.	333
8.4.58	IFA-Tulln	334
8.4.59	IGV Institut für Getreideverarbeitung GmbH	335
8.4.60	Innovia Films Ltd.	335
8.4.61	IRE Chemicals Ltd	336
8.4.62	Jamplast Inc.	336
8.4.63	Japan Corn Starch Co., Ltd.	337
8.4.64	Japan Vam & Poval Co., Ltd.	338
8.4.65	JER Envirotech	339
8.4.66	Kaneka Corporation	339
8.4.67	Kareline OY Ltd.	340
8.4.68	Kingfa Sci. & Tech. Co., Ltd.	340
8.4.69	Kuraray Co., Ltd.	341
8.4.70	Limagrain Cereales Ingredients	342
8.4.71	Mazda	343
8.4.72	Mazzucchelli 1849 S.p.A.	343
8.4.73	Meredian Inc.	344
8.4.74	Merquinsa	344
8.4.75	Metabolix	345
8.4.76	Metzeler Schaum GmbH	345
8.4.77	Mitsubishi Chemical Holdings Corporation	346
8.4.78	Mitsubishi Gas Chemical Company Inc. (MGC)	346
8.4.79	Mitsui Chemicals Inc.	347
8.4.80	Nantong Jiuding Biological Engineering Co., Ltd.	347
8.4.81	NatureWorks LLC	348
8.4.82	NEC	349
8.4.83	Nihon Shokuhin Kako Co., Ltd	350
8.4.84	Novamont S.p.A.	350
8.4.85	Novomer Inc.	351
8.4.86	PE Design & Engineering BV	351
8.4.87	Perstorp UK Limited	352
8.4.88	Peter Holland BV	352
8.4.89	PHB Industrial Brasil S.A.	353
8.4.90	Plantic Technologies	353
8.4.91	Polyfea	355

	8.4.92	Polykemi AB	356
	8.4.93	Polymer Technology Group	356
	8.4.94	Polysciences Inc.	356
	8.4.95	Procter & Gamble Chemicals	357
	8.4.96	PSM (HK) Co., Ltd.	358
	8.4.97	Purac	358
	8.4.98	Pyramid Bioplastics Guben GmbH	359
	8.4.99	Rodenburg Biopolymers BV	359
	8.4.100	Rotuba	360
	8.4.101	Shanghai Tong-Jie-Liang Biomaterials Co., Ltd.	361
	8.4.102	Shimadzu Corporation	361
	8.4.103	Showa Highpolymer Co., Ltd.	361
	8.4.104	SK Chemicals	362
	8.4.105	Solvay S.A.	362
	8.4.106	Sphere Group	363
	8.4.107	Stanelco Group	363
	8.4.108	Starch Tech Inc.	364
	8.4.109	STEPAH NV	364
	8.4.110	Tate&Lyle PLC	364
	8.4.111	Tecnaro GmbH	365
	8.4.112	Teijin Limited	365
	8.4.113	Telles	366
	8.4.114	Tianan Biologic Material Co., Ltd	366
	8.4.115	Tianjin Green BioScience Co., Ltd.	367
	8.4.116	Toray Industries	367
	8.4.117	Total Petrochemicals	368
	8.4.118	Toyota	368
	8.4.119	Union Carbide Corporation	369
	8.4.120	Unitika Ltd.	369
	8.4.121	Urethane Soy System Company	369
	8.4.122	Vegeplast S.A.S.	370
	8.4.123	Vertellus Specialties Inc.	370
	8.4.124	VTT Technical Research Centre of Finland	371
	8.4.125	Wacker Chemie AG	371
	8.4.126	Wuhan Huali Environment Protection Science & Technology Co., Ltd.	372
	8.4.127	Zhejiang Hisun Biomaterials Co., Ltd.	372
8.5		Biopolymerverarbeiter/-Konverter	372

9	**Ausblick**		381
Anhang			383
A	Hersteller, Handelsnamen und Datenblätter		383
B	Abfallentsorgungssysteme in Europa		545
	EU-Mitgliedstaaten		545
	EU-Beitrittskandidaten		583
	Kooperationspartner		588
C	Auszug aus novellierter Verpackungsverordnung		594
D	DSD-Lizenzgebühren		597

Abkürzungsverzeichnis 603

Literaturverzeichnis 607

Internetquellen 615

Register 617

Die Autoren 630

1 Einleitung

1.1 Themenabgrenzung

Obwohl der Begriff „Biopolymer" zurzeit in der Öffentlichkeit, der Politik, der Industrie und insbesondere in der Forschung und Entwicklung sowie auf zahlreichen Fachtagungen in zunehmendem Maße auftaucht und bisweilen auch schon etwas überstrapaziert wird, ist er nicht exakt definiert (Bild 1.1).

Zu Beginn sind daher zunächst die folgende Themenabgrenzung und die Definition des Begriffs Biopolymer wichtig.

Der Begriff „Weiße Biotechnologie" ist im Gegensatz zur grünen (Landwirtschaft) und roten (Pharmazeutik) Biotechnologie noch sehr jung und allgemein noch nicht ganz so sehr verbreitet, obwohl sie seit Jahrtausenden von der Menschheit, z. B. bei der Alkohol- oder Milchsäurevergärung genutzt wird. Die Weiße Biotechnologie steht für die industrielle Produktion oder Modifikation von organischen Grund- oder Feinchemikalien und Wirkstoffen sowie auch biogenen Energieträgern unter Verwendung optimierter Spezies von Mikroorganismen, Enzymen oder Zellen [92]. Damit deckt sie jedoch nur ein Teilgebiet der Biopolymere, d. h. ausschließlich die biotechnologische Erzeugung der Polymerrohstoffe oder Additive für biobasierte Biopolymere ab. Umgekehrt wird die biotechnologische Herstellung von Chemikalien im Rahmen dieses Buches nur mit erfasst, wenn diese Rohstoffe der Herstellung von Biopolymeren dienen (können). Die rein biotechnologische Erzeugung molekularer Werkstoffe wie beispielsweise Exopolysaccharide Xanthan, Pullulan, Gellan, Cordulan, Alginat, Hyaluronsäure, Oligosaccharide oder auch verschiedener Säuren und Vitamine gehören nicht zu den technischen Biopolymeren.

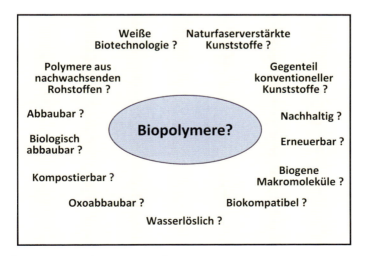

Bild 1.1 Begriffe im Zusammenhang mit Biopolymeren

Die große Gruppe der Biopolymere auf Basis biotechnologisch erzeugter Monomer- oder Polymerrohstoffe wie Milchsäure, Bioalkohole oder Polyhydroxyalkanoate bilden die Schnittmenge der beiden Begriffe, „Biopolymer" und „Weiße Biotechnologie" (Bild 1.2).

Da es sich bei den Biomolekülen, wie beispielsweise der großen Gruppe der Polyaminosäuren, um in Lebewesen und der Natur vorkommende organische Substanzen und nicht um technische Werkstoffe handelt, gehören diese biogenen Makromoleküle nach Auffassung des Autors nicht zu den Biopolymerwerkstoffen. Eine Ausnahme bilden hier lediglich Biomoleküle, welche biotechnologisch zu geeigneten Rohstoffen zur Werkstofferzeugung weiter verstoffwechselt werden können und die Polysaccharide sowie teilweise auch verschiedene biobasierte Säuren (beispielsweise Milchsäure oder Bernsteinsäure) oder Lipide, die direkt als Rohstoffe für Biopolymere eingesetzt werden können.

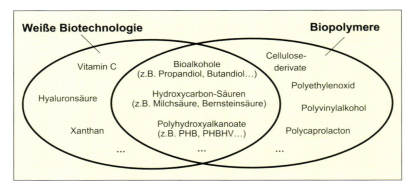

Bild 1.2 Schnittmenge zwischen Weißer Biotechnologie und den Biopolymeren

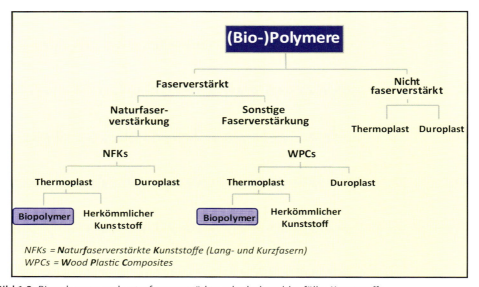

Bild 1.3 Biopolymere und naturfaserverstärkte oder holzmehlgefüllte Kunststoffe

Aktuell werden mit dem Begriff der Biopolymere auch des Öfteren konventionelle mit Holzmehl oder Naturfasern gefüllte Polyolefine wie Polyethylen oder Polypropylen mit eingeschlossen [4], [47], [63], [78], (Bild 1.3).

Nach Auffassung des Autors wird dadurch jedoch der Begriff der Biopolymere noch unschärfer, zumal hier auch keine quantitativen Angaben zum Mindestanteil an biobasierten Komponenten gemacht werden und man demnach z. B. bei einem PP mit 10 % Naturfasern auch bereits schon von einem Biopolymer sprechen kann. Im Rahmen dieses Buches werden daher die mit Naturfasern (NFKs = **N**atur**f**aserverstärkte **K**unststoffe) oder Holzmehl gefüllte konventionellen Polymere (WPCs = **W**ood **P**lastic **C**omposites) nicht dargestellt. Dagegen werden holzmehlgefüllte oder naturfaserverstärkte Polymere mit einer Biopolymermatrix mit erfasst (Bild 1.4).

Der Begriff „Biokompatibel" steht allgemein für Werkstoffe, deren direkter Kontakt mit Lebewesen zu keinen Wechselwirkungen mit negativen Auswirkungen für das Lebewesen führt. Dies bedeutet jedoch nicht, dass es sich dabei dann zwangsweise immer um Biopolymere, wie zum Beispiel Nahtmaterial oder medizinische Implantate auf Basis von Polylac-

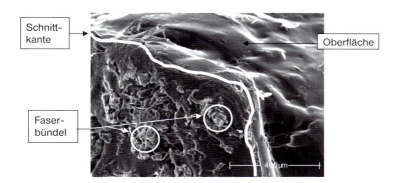

Bild 1.4 Naturfaserverstärktes Biopolymer (hier in der Abbildung Holzfasern in einer Polylactidmatrix)

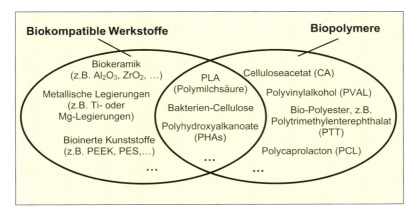

Bild 1.5 Schnittmenge zwischen Biokompatiblen Werkstoffen und Biopolymeren

tid handelt. Ebenso gehören auch bioinerte Materialien, wie beispielsweise keramische und titanbasierte Implantate oder Siloxane sowie spezielle Kunststoffe (z. B. bestimmte PEEK-, PET- oder PE-UHMW-Typen) aufgrund minimaler Wechselwirkungen mit dem menschlichen Gewebe zu den biokompatiblen Werkstoffen [22], [40], [109]. Damit gibt es zwar mit den bioresorbierbaren oder bioaktiven Polymeren als biokompatible Kunststoffe eine Schnittmenge zwischen den Begriffen Biopolymer und Biokompatibilität, jedoch sind die Begriffe bei Weitem nicht deckungsgleich, da es auch eine Vielzahl an Werkstoffen gibt, die jeweils nur zu einem dieser beiden Gebiete oder Begriffe zugeordnet werden können (Bild 1.5). Dieser Umstand führt dazu, dass bei beiden Werkstoffen sehr unscharf von Biowerkstoffen gesprochen wird.

Traditionelle Werkstoffe, wie beispielsweise Holz oder Kautschuk, die nach dieser Definition grundsätzlich den Biopolymeren zugeordnet werden können, werden im Rahmen dieses Buches nicht dargestellt, weil es sich bei diesen Werkstoffen nicht um neuartige, thermoplastische Biopolymerwerkstoffe handelt und deren Darstellung auch den Rahmen dieses Buches sprengen würde.

Ähnlich wie bei den konventionellen, petrochemisch basierten Kunststoffen gibt es, wie in Bild 1.6 dargestellt, auch bei diesen verschiedenen Biopolymergruppen sowohl thermoplastische, elastomere als auch duroplastische Polymerwerkstoffe.

Aufgrund der derzeit mengenmäßig untergeordneten Bedeutung werden biobasierte Duromere, wie pflanzenölbasierte Harze nur ansatzweise angesprochen.

Der Schwerpunkt dieses Buches liegt auf der Darstellung neuartiger, thermoplastischer Biopolymere als technische Werkstoffe, die grundsätzlich die konventionell bekannten Kunststoffe substituieren könnten.

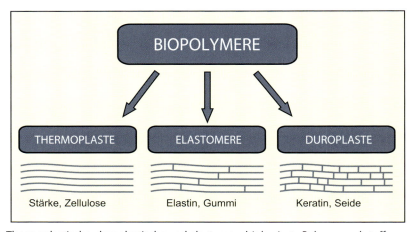

Bild 1.6 Thermoplastische, duroplastische und elastomere biobasierte Polymerwerkstoffe

1.2 Was sind Biopolymere?

Bei dem Begriffen „Biopolymer", „Biokunststoff", „biologisch abbaubarer Kunststoff", „Kunststoffe aus nachwachsenden Rohstoffen", etc. kommt es häufig zu Missverständnissen, denn biologisch abbaubare Kunststoffe können sowohl auf petrochemischen Rohstoffen als auch auf nachwachsenden Rohstoffen basieren. Die Abbaubarkeit der Biopolymerwerkstoffe wird am Ende nur durch die chemische und physikalische Mikrostruktur der Polymere und nicht durch den Ursprung der eingesetzten Rohstoffe oder den Herstellprozess der Polymere beeinflusst (Bild 1.7).

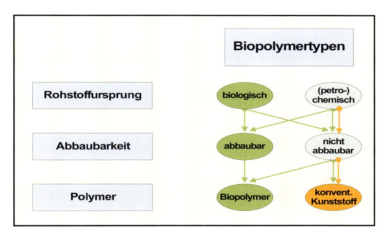

Bild 1.7 Rohstoffbasis und Abbaubarkeit von Biopolymeren im Vergleich zu konventionellen Kunststoffen

Die derzeit allgemein beste Definition für den Begriff Biopolymer ist ein Polymerwerkstoff, der *mindestens eine* der folgenden Eigenschaften erfüllt:

a) besteht aus biobasierten (nachwachsenden) Rohstoffen
   und/oder
b) verfügt über eine biologische Abbaubarkeit

Demnach existieren folgende drei grundsätzlichen Biopolymergruppen:

1. Abbaubare petrobasierte Biopolymere
2. Abbaubare (überwiegend) biobasierte Biopolymere
3. Nicht abbaubare biobasierte Biopolymere

Das bedeutet, dass Biopolymere nicht zwangsweise ausschließlich aus nachwachsenden Rohstoffen bestehen müssen. Es können auch biologisch abbaubare Biopolymere auf Basis petrochemischer Rohstoffe hergestellt werden, wie z. B. Polyvinylalkohole, Polycaprolactone, Copolyester, Polyesteramide, (Bild 1.8, unten rechts). Umgekehrt sind nicht alle auf nach-

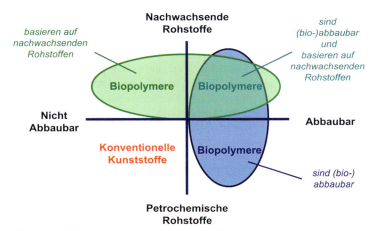

Bild 1.8 Biopolymere und die drei grundsätzlich verschiedenen Biopolymergruppen

wachsenden Rohstoffen basierenden Biopolymere zwangsweise auch biologisch abbaubar, wie z. B. hochsubstituierte Celluloseacetate, vulkanisierter Kautschuk, Casein-Kunststoffe, Linoleum, (Bild 1.8, oben links).

1.2.1 Abbaubare petrobasierte Biopolymere

Biopolymere auf Basis petrochemischer Rohstoffe basieren, wie die konventionellen Kunststoffe auch, auf den verschiedenen durch fraktionierte Destillations- und gezielte Crackprozesse aus Erdöl, Erdgas oder Kohle gewonnenen Kohlenwasserstoff-Monomeren und -Oligomeren sowie deren Folgeprodukte (z. B. Polyole, Carbonsäuren). So wie in der Vergangenheit das Eigenschaftsprofil der konventionellen Polymere durch die unterschiedlichsten Ausgangsmonomere, Polymerisationsmechanismen, Prozessparameter und Additive variiert und an die verschiedensten Anwendungen angepasst werden konnte, kann insbesondere auch durch den Einbau verschiedener Heteroatome (insbesondere Sauerstoff und Stickstoff) im Molekül das Eigenschaftsprofil der Polymerwerkstoffe hinsichtlich der Abbaubarkeit erweitert werden. Während bei den konventionellen Kunststoffen in der Vergangenheit meist eine hohe Beständigkeit gegen chemische, mikrobiologische oder umgebungsbedingte Einflüsse im Vordergrund stand, erfolgt bei den abbaubaren, petrochemisch basierten Biopolymeren ein entsprechendes Molekül- und Werkstoffdesign mit der Zielsetzung, einen gegen Umwelteinflüsse nicht sehr beständigen Polymerwerkstoff zu erzeugen, damit es unter Umgebungseinflüssen zu einem Materialabbau und einer möglichst einfachen Depolymerisierung kommen kann. Eine genauere Darstellung dieser Werkstoffe erfolgt insbesondere in Abschnitt 4.1.1. und Kapitel 5.

1.2.2 Abbaubare biobasierte Biopolymere

Der Begriff Biopolymer wurde eigentlich erst in den letzten Jahrzehnten durch die zweite Untergruppe dieser Polymerwerkstoffe, d. h. durch Polymere, die auf nachwachsenden Rohstoffen basieren und zugleich kompostierbar sind (vgl. Bild 1.8, oben rechts), geprägt.

1.2 Was sind Biopolymere?

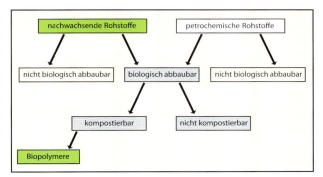

Bild 1.9 Erste, explizit als Biopolymere bezeichnete Werkstoffe waren kompostierbar und basierten auf natürlichen, nachwachsenden Rohstoffen

- Zucker
- Stärke
- Cellulose
- Fette und Öle
- Proteine
- Lignin
- …

Bild 1.10 Nachwachsende Rohstoffe zur Erzeugung von Biopolymeren

Die unterschiedlichen Begriffe der Abbaubarkeit und Kompostierbarkeit und die einzelnen Abbaumechanismen werden ausführlicher im Kapitel 3 dargestellt.

An nachwachsenden Rohstoffen können für Biopolymere insbesondere Cellulose, Stärke, Zucker, Pflanzenöle und darauf basierende Folgeprodukte sowie teilweise auch Lignine und Proteine als Werkstoffkomponenten eingesetzt werden.

Eine ausführliche Darstellung dieser biobasierten und biologisch abbaubaren Biopolymere erfolgt auch in den Kapiteln 4 und 5.

1.2.3 Nicht abbaubare biobasierte Biopolymere

Bei diesen Biopolymerwerkstoffen handelt es sich um bereits lange bekannte Polymerwerkstoffe. Die ersten technischen Polymerwerkstoffe basierten beispielsweise auf den nachwachsenden Rohstoffen Cellulose oder Naturlatex. Bei diesen Werkstoffen stand zum damaligen Zeitpunkt die Rohstoffverfügbarkeit im Vordergrund. Die natürlichen, verfügbaren

Rohstoffe wurden im Rahmen einer Werkstoffherstellung so modifiziert, dass erste, recht beständige Polymerwerkstoffe mit einem für damalige Verhältnisse völlig neuen Eigenschaftsprofil resultierten. Da zum Ende des 19. Jahrhunderts im Laufe der zunehmenden Industrialisierung zunächst noch keine petrochemischen Rohstoffe verfügbar waren, wurden vor mehr als 100 Jahren bereits erste nicht abbaubare Biopolymere auf Basis nachwachsender Rohstoffe hergestellt, ohne dass diese explizit schon als Biopolymere bezeichnet wurden. Bei den aktuellen, biobasierten Biopolymeren steht wieder die Verfügbarkeit der Rohstoffe im Vordergrund. Dabei geht es jedoch weniger um eine akute oder momentane, sondern um eine strategisch sichere, langfristige Verfügbarkeit von Rohstoffen, d. h. die Verwendung von biobasierten erneuerbaren statt erschöpfbaren petrochemischen Rohstoffen zur Kunststofferzeugung.

Eine ganz aktuelle Entwicklung in diesem Zusammenhang sind sogenannte Drop-in-Lösungen, bei denen vereinfacht gesagt versucht wird, unter vollständiger Substitution der petrochemischen Rohstoffkomponenten durch biogene Rohstoffe, die auf petrochemischen Rohstoffen basierenden und etablierten Synthesewege weitestgehend beizubehalten. Das Ziel ist dabei z. B. die Erzeugung „konventioneller" Polyolefine wie Polyethylen oder auch Polypropylen auf Basis erneuerbarer Rohstoffe.

Diese biobasierten, jedoch nicht biologisch abbaubaren Biopolymere werden auch in den Kapiteln 4 und 5 ausführlicher dargestellt.

1.2.4 Blends und Copolymere aus den verschiedenen Rohstoff- und Werkstoffgruppen

Darüber hinaus existieren auch noch viele Co- und Terpolymere sowie Mischungen, d. h. Blends oder sogenannte Polymerlegierungen, bei denen es zu einer Vermischung der verschiedenen Rohstoff- oder der zuvor dargestellten Biopolymergruppen kommt. Bild 1.11 gibt daher nochmals eine Übersicht über die verschiedenen bio- und petrobasierten Rohstoffe bzw. daraus erzeugte, abbaubare Biopolymerwerkstoffe.

Neben den Hauptrohstoffen enthalten Biopolymere in den allermeisten Fällen auch noch entsprechende Hilfsstoffe oder Additive, um ein entsprechendes Eigenschaftsprofil zu erlangen. Für diese Additive gilt zur Klassifizierung die gleiche Systematik wie zuvor anhand der Biopolymere dargestellt.

So kommt es z. B. durch einen zunehmenden Einsatz von biobasierten, jedoch nicht abbaubaren Polymeren als Additiv oder als Werkstoffkomponente zu einer Verschlechterung der Abbaubarkeit des Biopolymerblends. Außerdem führt der zunehmende Einsatz einer nicht biobasierten Blendkomponente oder auch petrochemischer Monomerrohstoffe im Falle von Co- und Terpolymeren zwangsläufig zu einer Reduzierung des biobasierten Werkstoffanteils im Polymerwerkstoff. Insbesondere in diesem Zusammenhang gibt es derzeit für Biopolymere (noch) keine Mindestanteile an biobasierten Werkstoffkomponenten für Polymerblends und Co- oder Terpolymere. Dies führt dazu, dass beispielsweise auch bei Polypropylen-Stärkeblends oder verschiedenen Copolyestern von Biopolymeren gesprochen wird, obwohl sie nicht abbaubar sind und zugleich der biobasierte Anteil zum Teil deutlich unterhalb des petrochemischen Anteils liegt.

Eine ausführliche Darstellung der Biopolymerblends, Co- und Terpolymere erfolgt ebenfalls in den Kapiteln 4 und 5.

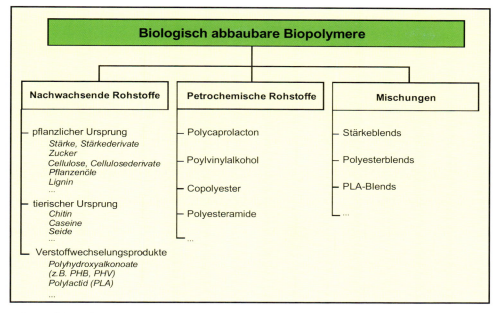

Bild 1.11 Übersicht über für biologisch abbaubare Polymere eingesetzte Rohstoffe

1.3 Rahmenbedingungen für Biopolymere

1.3.1 Entsorgung konventioneller und bioabbaubarer Kunststoffe

Durch ein allgemein zunehmendes Umweltbewusstsein und das Bestreben zur Reduzierung der Abfallvolumenströme sowie des Primärrohstoffeinsatzes zur Werkstofferzeugung, rücken bei den verschiedenen Werkstoffen die Entsorgungseigenschaften mehr und mehr in den Vordergrund. Mit der Einführung der Verpackungsverordnung Anfang der 90er-Jahre entstand insbesondere in Deutschland plötzlich auch eine wirtschaftliche Notwendigkeit, sich noch intensiver mit der Entsorgung von Kunststoffverpackungen zu befassen [5], [36]. Die Verpackungsverordnung regelt die Entsorgung von Verkaufs-, Um-, Transport- und explizit Getränkeverpackungen, unabhängig davon, ob sie in Industrie, Handel, Verwaltung, Gewerbe, Dienstleistungsbereich oder im Haushalt beim Endverbraucher anfallen. Damit werden die Verpackungshersteller verpflichtet, für die Verwertung ihrer Verpackungen materialabhängig vorgegebene Quoten bzgl. verschiedener Entsorgungsoptionen (Recycling, Verbrennung, Deponierung, u. ä.) sicherzustellen. In den benachbarten EU-Ländern gibt es inzwischen ähnliche Ansätze (siehe dazu Abschnitt 3.7 und Anhang B).

Die vorteilhaften Verarbeitungs- und insbesondere Gebrauchseigenschaften der konventionellen Kunststoffe sind jedoch oft mit entsorgungstechnischen Nachteilen verbunden (vgl. Tabelle 1.1). So bedeutet zum Beispiel die gute chemische Beständigkeit eine hohe Haltbarkeit sowohl in als auch nach der Gebrauchsphase oder es verbirgt sich hinter einer guten Verarbeitbarkeit mit flexibler Formgestaltung gleichzeitig ein großes Müllvolumen.

Tabelle 1.1 Gebrauchs- und Entsorgungseigenschaften petrochemischer Polymere

Eigenschaften petrochemischer Polymere	Vorteil	Entsorgungs-technische Nachteile
Chemische Beständigkeit	Hohe Haltbarkeit	Nicht kompostierbar
Hohe Werkstoffvielfalt	Optimaler Werkstoff für nahezu jeden Anwendungszweck	Sortenreines Recycling schwer möglich
Geringer Rohstoffpreis	Preiswerter Werkstoff	Unwirtschaftliches Recycling
Gute Verarbeitbarkeit	Großer Gestaltungsspielraum	Großes Müllvolumen
Petrochemische Rohstoffbasis	Traditioneller Rohstoff mit konstanter Zusammensetzung	Ungünstige CO_2-Bilanz, limitierter Rohstoff

Da der Mensch der Verursacher der in der Natur nicht bekannten und daher nicht verstoffwechselbaren anthropogenen Polymerverbindungen bzw. Werkstoffe ist, muss er sich auch selbst um deren Entsorgung bemühen. Im Hinblick auf eine möglichst hohe Rohstoffeffizienz ist dabei insbesondere das Kunststoffrecycling zunehmend in den Vordergrund gerückt. Beim Kunststoffrecycling können sowohl für konventionelle Kunststoffe als auch für die Biopolymere – je nach Grad der Rückverwandlung und der Zielrichtung des eingesetzten Prozesses – unterschiedliche Verfahren für ein werkstoffliches, ein rohstoffliches und ein energetisches Recycling unterschieden werden (Bild 1.12).

Bild 1.13 zeigt zur Orientierung die mittlere Recyclingquote von Kunststoffabfällen in verschiedenen EU-Ländern. Demnach weisen die osteuropäischen Länder, Portugal und Griechenland eher noch relativ geringe Kunststoff-Recyclingraten auf, gefolgt von Frankreich, Irland, Finnland oder Dänemark. In den meisten restlichen EU-Ländern liegt der Recyclinganteil jedoch über 22,5 Gew.-%.

Der ökologische Vergleich und die Bewertung dieser verschiedenen Recyclingoptionen von Altkunststoffen sind schwierig und werden in umweltpolitischen Diskussionen auch sehr kontrovers diskutiert. Grundsätzlich gibt es aus ökologischer Sicht keine allgemeingültige Verwertungshierarchie wie z. B. „werkstofflich besser als rohstofflich besser als energetisch". Alle Verwertungswege (energetisch, rohstofflich, werkstofflich) sind prinzipiell eher gleichwertig. Die ökologisch beste Lösung hängt sehr stark vom jeweiligen Abfall (z. B. Sortenreinheit, Verschmutzung), dem Umfeld (Anfallort, Transportwege, etc.) und dem Vergleichsszenario (Deponie, Hochofen etc.) ab [5], [36], [131]. Eine direkte werkstoffliche Verwertung von Altkunststoffen zeigt gegenüber anderen Verfahrenswegen nur dann Vorteile, wenn es zu keinem Downcycling kommt und Neuware im Verhältnis von nahezu 1:1 substituiert werden kann [12].

Auch wenn biologisch abbaubare Biopolymere keine ultimative Lösung all dieser Probleme darstellen, wurde vor diesem Hintergrund die Entwicklung erster kompostierbarer Biopolymere Anfang der 80er-Jahre forciert, da sich mit der Kompostierbarkeit eine weitere Entsorgungsoption speziell für Verpackungen bietet [136]. Die ersten neuartigen Biopolymerwerkstoffe waren jedoch, insbesondere bedingt durch zu geringe Produktionsmengen und auch

1.3 Rahmenbedingungen für Biopolymere

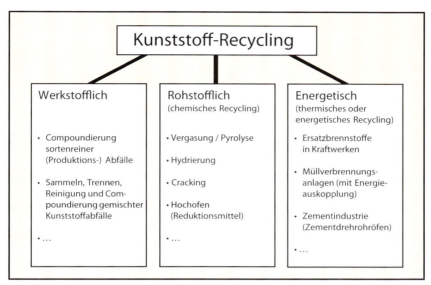

Bild 1.12 Möglichkeiten des Kunststoff-Recyclings

Bild 1.13 Kunststoff-Recyclingquoten in Europa (Quelle: Plastics Europe)

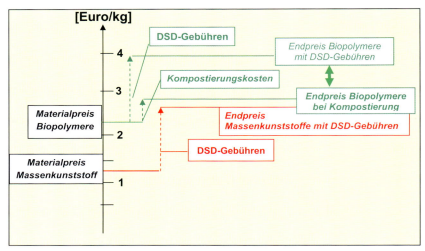

Bild 1.14 Vergleich der Materialpreise inklusive der Entsorgungskosten

durch ungünstige gesetzliche Rahmenbedingungen, wie die damals in Deutschland aus der Verpackungsverordnung für den „Grünen Punkt" resultierenden DSD-Gebühren, schlichtweg zu teuer (Bild 1.14). Die entsorgungstechnischen Vorteile einer preiswerten Kompostierung von Biopolymeren (0,2 – 0,4 €/kg) wurden nicht auf die Biopolymere umgelegt und für die Entsorgung von Biopolymerverpackungen musste trotz der Kompostierbarkeit der gleiche Preis an das Duale System Deutschland (DSD) gezahlt werden, wie für die meist schwieriger bzw. aufwendiger zu entsorgenden konventionellen Kunststoffabfälle [19], [66], [71], [136].

Tabelle 1.2 Entsorgungsgebühren gemäß der Duales System Deutschlands GmbH ab 01.01.07

Material (95/5-Regel)	Cent/kg zzgl. MwSt.
Glas	7,4
Papier, Pappe, Karton	17,5
Weißblech (verzinntes Stahlblech dünner 0,5 mm)	27,2
Aluminium und sonstige Metalle (Cu, Zn, Messing)	73,3
Kunststoffe (PET –13 %)	**129,6**
Kartonverbundverpackungen (LPB) mit besonderer Abnahme- und Verwertungsgarantie	75,2
Sonstige Verbunde (z. B. Al + PE, Papier + Al …)	101,4
Naturmaterialien (Holz, Porzellan, Naturfasern …)	10,2

Seit der Novellierung der Verpackungsverordnung im Mai 2005 gewinnen die biologisch abbaubaren Polymere jedoch insbesondere im deutschen und im europäischen Verpackungsbereich wieder zunehmend an Interesse, denn durch diese Novellierung sind zertifizierte Biokunststoffverpackungen, z. B. in der Dt. Verpackungsverordnung von den DSD-Gebühren (derzeit ca. 1,30 Euro zzgl. MwSt. pro kg Verpackungskunststoff) befreit [88]. Die genauen zu den jeweiligen Verpackungswerkstoffen zugehörigen aktuellen DSD-Gebühren sind in Tabelle 1.2 dargestellt.

Neben der Kompostierung kommen für Biopolymere grundsätzlich noch eine Reihe weiterer zusätzlicher Entsorgungsoptionen, wie z. B. die Umwandlung zu Biogas, eine wässrige Desintegration, ein Abbau im menschlichen Körper oder im Erdreich in Betracht. Daneben können auch die für konventionelle Kunststoffe eingesetzten Entsorgungsoptionen, wie z. B. thermomechanisches Recycling oder Verbrennung eingesetzt werden. Die einzelnen für die Entsorgung von Biopolymeren möglichen sogenannten End-of-Life-Optionen werden in Kapitel 6 sowie die zugehörigen gesetzlichen Rahmenbedingungen in Kapitel 3 ausführlicher beschrieben.

1.3.2 Limitierung petrochemischer Ressourcen

Neben den grundsätzlich gestiegenen und zukünftig sicher auch immer *weiter steigenden Rohölpreisen* ist auch die *weltweit ungleichmäßige Verteilung der Ölvorkommen politisch problematisch*. Die bereits in der Vergangenheit teilweise schon stattgefundenen *Verteilungskämpfe* werden weiter zunehmen. Hinzu kommt die stark zunehmende Nachfrage in den Schwellenländern wie Indien oder China. Deutschland deckt seinen Ölbedarf zu mehr als 95 % durch den Import von Erdöl.

Am 11. Juli 2008 betrug der bisherige Rekordölpreis des Rohöls 147 $/Barrel. Das sind bei dem damaligen Dollarkurs von 1,56 $/Euro ca. 0,69 Euro/Liter oder über 810 Euro/t (Dichte

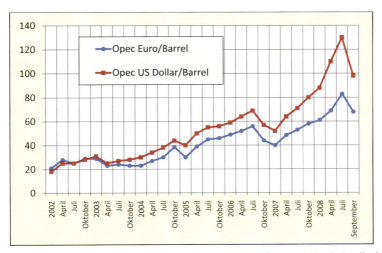

Bild 1.15 Preisentwicklung des Rohöls in Dollar und Euro pro Barrel (ca. 160 Liter), Quelle: kiweb 2008

des Erdöls von ca. 850 kg/m³). Dieser Preis wäre jedoch noch wesentlich höher gewesen, wenn zu diesem Zeitpunkt im Juli 2008 der Euro nicht so stark gewesen wäre. Würde man den derzeitigen Wechselkurs des Euros zum US-Dollar von nur ca. 1,30 Euro/Dollar (Stand April 2009) bei dieser Rekordmarke des Öls annehmen, so würde sich damit sogar ein Preis von über 1.000 Euro/t Rohöl ergeben.

Neben dem Preis der petrochemischen Energieträger ist auch die Preisentwicklung der klassischen Kunststoffe vom Preis des Erdöls als Primärrohstoff und Energieträger für die Polymerherstellung abhängig. Derzeit werden in Westeuropa ca. 4 – 5 % des Mineralöls für die Erzeugung von Kunststoffen genutzt [29], [97]. Etwa die gleiche Menge des Rohöls bzw. des daraus gewonnenen. Rohbenzins (Naphtha) wird auch nochmals für die Herstellung verschiedenster chemischer Produkte verwendet, während der Hauptanteil von fast 90 % ca. zu gleichen Teilen zur direkten Energieerzeugung oder als Treibstoff eingesetzt wird (Bild 1.16).

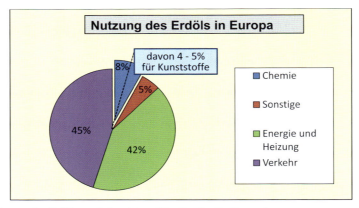

Bild 1.16 Nutzung des Erdöls nach Bereichen (Quelle: PlasticsEurope)

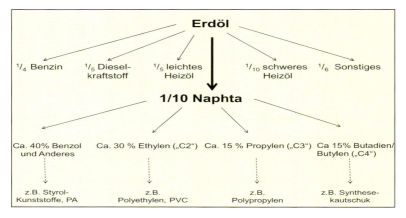

Bild 1.17 Nutzung des Erdöls/Naphthas zur Kunststofferzeugung [29]

Zur Herstellung der Kunststoffe werden auf Basis von Naphtha zunächst verschiedene C2-, C3- und C4-Verbindungen sowie auch aromatische Verbindungen als weitere Zwischenstufe erzeugt (Bild 1.17). Die Gesamtproduktion an Kunststoffen beträgt derzeit weltweit über 260 Mio. t/a, in Europa ca. 65 Mio. t/a und in Deutschland etwa 20 Mio. t/a.

In diesem Zusammenhang geben die Bilder 1.18 und 1.19 zunächst einen Überblick über die entsprechenden Preisentwicklungen verschiedener Polymerrohstoffe und der daraus hergestellten Kunststoffe in den letzten Jahren, die einen ähnlichen Verlauf wie der Erdölpreis, d.h. eine ansteigende Tendenz aufweisen.

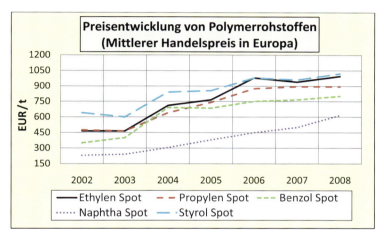

Bild 1.18 Preisentwicklung verschiedener Polymerrohstoffe, Quelle: kiweb 2008

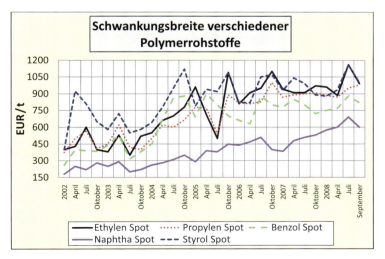

Bild 1.19 Preisschwankung verschiedener Polymerrohstoffe, Quelle: kiweb 2008

Der Preis der Kunststoffe ist direkt an die Preisentwicklung des Erdöls als Rohstoffbasis und als Energieträger für die Rohstofferzeugung sowie Polymerherstellung gebunden. So führten z. B. auch der kurzzeitig abnehmende Rohölpreise Anfang 2005 oder Anfang 2007 mit einer leichten Verzögerung von ein bis drei Monaten ebenfalls zur kurzzeitigen Reduzierung der Kunststoffpreise.

Der Verlauf des Kunststoffpreises zeigt jedoch über einen längeren Zeitraum betrachtet, ebenso wie das Erdöl und die daraus erzeugten Polymerrohstoffe, einen grundsätzlich

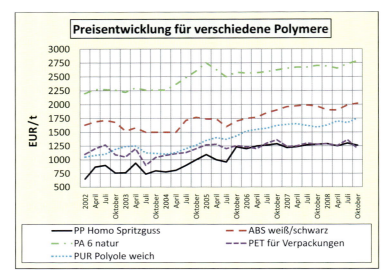

Bild 1.20 Preisentwicklung verschiedener Polymere, [Quelle: kiweb 2008]

Bild 1.21 Devisenkurs Euro zu US-Dollar, [Quelle: kiweb 2008]

kontinuierlichen Anstieg. Nach Auffassung vieler Wissenschaftler und der Autoren wird sich der Anstieg auch zukünftig fortsetzen, lediglich der Verlauf der Preissteigerung ist aus heutiger Sicht nicht klar vorauszusagen. In diesem Zusammenhang muss auf der anderen Seite auch verschärfend beachtet werden, dass sich die Produktionsmenge an Kunststoffen in den letzten 15 Jahren nahezu verdoppelt hat. Ohne Zweifel lässt sich diese rasante Entwicklung zukünftig so nicht grenzenlos weiter fortsetzen.

Die Preissteigerungen wären in Europa, ähnlich wie beim Erdöl, wesentlich stärker gewesen, wenn nicht parallel dazu auch der Euro im Verhältnis zum Dollar signifikant angestiegen wäre. Dies ist auch die Ursache, dass die Schere zwischen dem Verlauf des Rohölpreises in Dollar und in Euro größer wird, d. h. der Preisanstieg in Euro weniger stark ausfällt (vgl. Bild 1.15).

Auch wenn derzeit aufgrund der aktuellen Weltwirtschaftskrise die Ölpreise kurzfristig stark gefallen sind und sich daher die Situation etwas entspannt hat, geht man davon aus, dass die Ölpreise nach der Wirtschaftskrise sprunghaft wieder das hohe Niveau erreichen und auch weiter ansteigen werden.

Ein weiterer Problempunkt der petrochemischen Rohstoffe für die Polymerhersteller ist neben der Verfügbarkeit und dem kontinuierlich ansteigenden Preis insbesondere auch die *Volatilität des Erdölpreises* und der darauf basierenden Polymerrohstoffe. Auch hier wird mit knapper werdenden Ressourcen die Schwankungsbreite, auch verstärkt durch Spekulationsgeschäfte, zusätzlich weiter zunehmen. Diese Schwankungen spiegeln sich, wenn auch verzögert, ebenso in den Kunststoffpreisen wider und sind am Ende für die Kunststoffverarbeiter problematisch, da diese Preisschwankungen nur sehr bedingt an den Kunden bzw. Endabnehmer weitergegeben werden können.

Die Dynamik dieser Entwicklung wird sich in absehbarer Zeit weiter verstärken, da *energie- und ölhungrige Schwellenländer*, wie z. B. China oder Indien, weitestgehend ungeachtet von menschlichen, sozialen oder ökologischen Gesichtspunkten mehr und mehr in den Weltmarkt drängen. Insbesondere im asiatischen Raum wird daher auch wieder verstärkt Kohle als Polymerrohstoff eingesetzt.

In den verschiedenen Industriebereichen wie der Automobilindustrie, der chemischen Industrie, der Kunststoffindustrie oder im Faser- bzw. Textilbereich hat man inzwischen erkannt, dass man mit steigenden Rohstoffpreisen neben einem Energie(träger)problem auch ein zunehmendes (Preis-)Problem im Polymerwerkstoffbereich haben wird. Gerade im Automobilbereich betrachtet man daher bei der Entwicklung zukünftiger Fahrzeuge inzwischen nicht mehr nur überwiegend alternative Treibstoffarten oder Antriebskonzepte und reduzierte Verbrauchswerte, sondern zunehmend auch den gesamten Werkstoffbereich inklusive des Energiebedarfs zur Werkstoffherstellung und der Verarbeitung bzw. Bauteilherstellung. Grundsätzlich ist im Materialbereich bisher ein überwiegend ökologischer und/oder imagemotivierter Anstieg beim Einsatz nachwachsender Rohstoffe wie Naturfasern oder Biopolymere festzustellen. Zukünftig wird es jedoch zunehmend auch ökonomisch motivierte Ansätze für die Substitution petrochemischer Rohstoffe bzw. petrochemisch basierter Werkstoffe durch Werkstoffe auf Basis nachwachsender Rohstoffe geben, da die Biopolymere sowohl auf der Entsorgungsseite (vgl. Bild 1.14 und Tabelle 1.2) als auch auf der Rohstoffseite (Bild 1.18) zunehmende Preisvorteile haben werden.

Dies führte dazu, dass in den letzten Jahren die Preise für Biopolymere gesunken sind, während sie für konventionelle petrochemisch basierte Kunststoffe gestiegen sind. Mit zuneh-

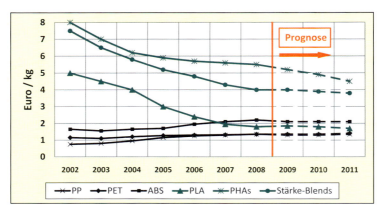

Bild 1.22 Preisentwicklung verschiedener petrobasierter Kunststoffe im Vergleich zu verschiedenen biobasierten Biopolymeren

mender Nachfrage werden zukünftig der Rohölpreis und damit die Preise für petrobasierte Kunststoffe weiter steigen. Parallel dazu werden die Preise für biobasierte Polymere mit zunehmender Nachfrage – insbesondere aufgrund von weiteren technischen Fortschritten und Skalierungseffekten bei der Produktion – weiter sinken. Das bedeutet, dass sich innerhalb der nächsten Jahre die derzeit noch etwas höheren Preise der Biopolymere den Preisen der petrobasierten Kunststoffe weiter annähern oder diese sogar teilweise unterbieten werden.

1.3.3 Zunehmendes Umweltbewusstsein

In den letzten Jahren hat sich ein zunehmendes Umweltbewusstsein in der Industrie, der Politik und beim Verbraucher entwickelt.

Nach langjährigen Diskussionen über die Reichweite der petrochemischen Rohstoffe und der anthropogenen Einflüsse auf den CO_2-Gehalt in der Atmosphäre hat man jetzt grundsätzlich akzeptiert, dass petrochemische Rohstoffe limitiert und deren Verbrennung zu einer irreversiblen Freisetzung von Wärme und des Treibhausgases CO_2 führt. Der mit dem Treibhauseffekt verbundene Temperaturanstieg führt u. a. zum Auftauen der Permafrostböden und setzt damit wieder zusätzliche Treibhausgase in Form von Methan frei. Außerdem sorgt der Temperaturanstieg auch für eine Erwärmung des Meerwassers. Als Kohlenstoffspeicher spielen die Ozeane jedoch eine wichtige Rolle. Die Erwärmung der Ozeane führt zu einer reduzierten Aufnahmefähigkeit von CO_2 im Meerwasser bzw. zu einem weiteren Entweichen dieses Treibhausgases, da Wasser bei steigender Temperatur weniger Kohlendioxid aufnehmen kann.

Auch wenn die Erkenntnis dieser wechselseitigen, sich gegenseitig verstärkenden Kausalzusammenhänge in der Wissenschaft nicht neu ist, hat sich erst in den letzten Jahren auch ein verschärftes Bewusstsein dieser Zusammenhänge und deren Dynamik in Politik, Öffentlichkeit und Industrie sowie auch beim Verbraucher entwickelt und die Ökologie eines Produktes oder Prozesses rückt mehr und mehr in den Vordergrund.

Dies führt zu umgekehrten Denkansätzen, d. h. statt weiter über die Ursachen, die Höhe des anthropogenen Einflusses gegenüber den auch vorhandenen natürlichen Schwankungen des CO_2 in der Atmosphäre zu diskutieren, werden unter der Akzeptanz eines anthropogenen Anteils am Treibhauseffektes – insbesondere in Westeuropa und zunehmend auch in Amerika und Asien – schadensbegrenzende Maßnahmen beschlossen. Auf politischer Seite wurden und werden daher eine Reihe von Gesetzen (z. B. die deutsche Verpackungsverordnung, Altautoverordnung, Erneuerbares Energiegesetz, Abfallverordnung, CO_2-Zertifikatehandel, Kyoto-Protokoll) erlassen, die als übergeordnetes Ziel die Unterstützung der Nachhaltigkeit von Produkten und Prozessen, minimale Emissionen und die Substitution nicht regenerativer Energieträger und erschöpfbarer Primärrohstoffe durch Recycling oder durch den Einsatz nachwachsender Rohstoffe haben.

Parallel dazu entwickelt der Verbraucher auch ein zunehmendes Bewusstsein für seine ökologische Verantwortung. Neben dem allgemeinen Trend zu Bioprodukten will der Verbraucher in den Bereichen des täglichen Lebens, wie z. B. bei Kauf und Verzehr von Nahrungsmitteln oder beim Benutzen eines Pkws kein schlechtes Gewissen, sondern ein gutes Gefühl haben, sich für ein ökologisches Produkt entschieden zu haben. So gibt es z. B. Ansätze, auf eine Verpackung oder andere Produkte den kumulierten Energieaufwand oder die zugehörige CO_2-Bilanz als sogenannter CO_2-Footprint aufzudrucken.

1.3.4 Nachhaltigkeit als Teil der Unternehmensstrategie

In der Industrie wird die sogenannte „Social Responsibilty" der Hersteller und die Nachhaltigkeit der Produkte in der Herstellungs-, Gebrauchs- und Entsorgungsphase zunehmend Bestandteil der kommunizierten Unternehmensstrategie. Auf Basis einer sensibilisierten Verantwortung des Verbrauchers für die durch ihn konsumierten Produkte werden in Zukunft daher nachhaltige Produkte einen Wettbewerbsvorteil gegenüber den Mitwettbewerbern aufweisen. Viele Unternehmen aus allen Industriezweigen haben sich daher öffentlich selbst zu Zielen der Nachhaltigkeit verpflichtet. Einige Beispiele hierfür sind:

- Toyota
  - Vision 2010: Führendes Unternehmen für Nachhaltigkeit
  - Reduzierung der CO_2-Emissionen um 20 % pro Auto gegenüber 2001
  - 20 % des Kunststoffeinsatzes biobasiert und/oder recyclingbasiert bis 2015
- Wal Mart
  - Einführung von Verpackungsmaterial basierend auf Maisstärke für frische Nahrungsmittel seit November 2005 (entspricht einer Einsparung von ca. 3 Mio. Liter Öl/Jahr)
  - Reduzierung des CO_2-Ausstoßes um mehr als 3.000 t/Jahr
- Tesco
  - Ankündigung für alle 70.000 Produkte den Carbon Footprint auszuweisen
- Sainsbury's
  - Zielvorgaben zur Reduzierung der Verpackungsmengen

- DuPont
  - Verdopplung des Umsatzes mit Produkten auf Basis nachwachsender Rohstoffe bis 2010 auf mindestens 8 Mrd. $
  - Umsatz von 2 Mrd. $/Jahr mit Produkten, die in signifikanter Weise den Ausstoß von Treibhausgasen herabsetzen
- Henkel
  - Öffentliche Verpflichtung zur Nachhaltigkeit
- Deutsche Automobilindustrie

Das Beispiel des bekannten „Sojaautos" von Henry Ford zeigt, dass es jedoch auch in der Vergangenheit schon pionierhafte Ansätze in diesem Bereich gab. Diese Ansätze fielen jedoch dem Zweiten Weltkrieg und dem damals noch fehlenden ökologischen Leidensdruck zum Opfer. Doch damals wurde schon auf eine drastische Gewichtseinsparung von 50 % verwiesen.

2 Stand der Kenntnisse

2.1 Historie von Biopolymeren

Zu Beginn der Industrialisierung wurden zunächst Polymerwerkstoffe wie z. B. Cellulosederivate oder auch Kautschuk nur auf Basis nachwachsender Rohstoffe erzeugt (vgl. I links in Bild 2.1), weil nur diese natürlichen Rohstoffe zum damaligen Zeitpunkt in entsprechender Menge verfügbar waren. Mit dem Siegeszug der Petrochemie wurden die nachwachsenden Rohstoffe als Polymerrohstoffe durch eine petrochemische Rohstoffbasis verdrängt (II.). Auf Basis dieser petrochemischen Rohstoffe wurden dann in den letzten Jahrzehnten auch erste biologisch abbaubare Polymerwerkstoffe für bestimmte Nischenanwendungen, wie z.B. Polyvinylalkohole oder Polycaprolacton, entwickelt (III.). Mit der zunehmenden Erkenntnis, dass sich hinter den vorteilhaften Verarbeitungs- und Gebrauchseigenschaften der petrochemisch basierten Kunststoffe neben der Rohstoffabhängigkeit auch nachteilige Entsorgungseigenschaften verbergen, rückten die Entsorgungs- oder Verwertungsmöglichkeiten der Polymere mehr und mehr in den Vordergrund, sodass seit Ende der 80er Jahre gezielt eine zunehmende Anzahl von abbaubaren Biopolymeren überwiegend auf Basis nachwachsender Rohstoffe entwickelt wurden (IV.) [19], [38], [49]. Bei den Biopolymerwerkstoffen verlagert sich im Hinblick auf die zukünftig immer schlechter werdende Verfügbarkeit und auch sicher weiter ansteigenden Preise petrochemischer Rohstoffe derzeitig jedoch der Schwerpunkt, d. h. nicht mehr die Kompostierbarkeit, sondern der Einsatz erneuerbarer, d. h. langfristig verfügbarer – Ressourcen zur Werkstofferzeugung rückt (wieder) zunehmend in den Vordergrund (V.).

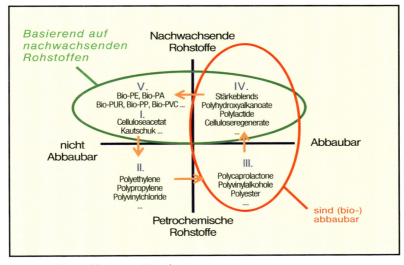

Bild 2.1 Historische Entwicklung von Biopolymeren

2.2 Biopolymer-Werkstoffgenerationen

Vor mehr als 25 Jahren, d. h. gegen Ende der 80er-, Anfang der 90er-Jahre wurden erstmals die neuartigen Biopolymere – insbesondere auf Basis von Stärke und fermentativ hergestellte Polyhydroxyalkanoate – am Markt präsentiert [38], [49], [66], [71], [127], [136]. Trotz einer gewissen Euphorie und ermutigenden Prognosen konnten sich diese biologisch abbaubaren *Biopolymere der ersten Generation* zur damaligen Zeit jedoch am Markt nicht erfolgreich durchsetzen. Die Gründe dafür waren insbesondere die zum damaligen Zeitpunkt noch zum großen Teil unausgereiften Materialeigenschaften, ungünstige politische und wirtschaftliche Rahmenbedingungen sowie ein einfach noch zu geringer Leidensdruck bei den Entscheidungsträgern in Industrie und Politik (Bild 2.2).

Vor dem Hintergrund sich verändernder Rahmenbedingungen wurde insbesondere in den letzten Jahren intensiv an der Weiterentwicklung und Optimierung verschiedenster Biopolymere gearbeitet. Diese sich derzeit am Markt befindlichen *Biopolymerwerkstoffe der zweiten Generation* sind inzwischen hinsichtlich ihrer Verarbeitungs- und Gebrauchseigenschaften mit den konventionellen Massenkunststoffen weitestgehend vergleichbar und für bestimmte Anwendungen, z. B. im Verpackungsbereich, zunehmend konkurrenzfähig [38], [41], [59], [76], [105]. Die aktuell noch leichten ökonomischen Nachteile aufgrund der derzeit (noch) geringeren Produktionsmengen können bei einer Mitbetrachtung der Entsorgungskosten oder auch bei weiter steigenden Produktionsmengen zukünftig kompensiert werden.

Inzwischen hat die Herstellung einiger dieser Biopolymere der zweiten Generation einen industriellen Maßstab erreicht (Bild 2.3). Zu den Biopolymeren, die bereits großtechnisch hergestellt werden, gehören die Celluloseregenerate und Cellulosederivate als eine der ersten Kunststoffe überhaupt, Polycaprolacton und Polyvinylalkohol sowie die schon großtech-

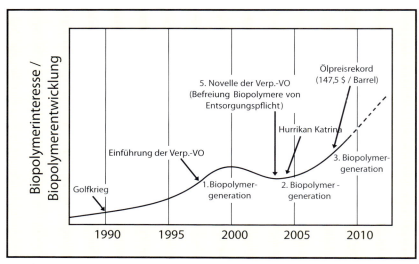

Bild 2.2 Durch verändernde Rahmenbedingungen schwankendes aber kontinuierlich zunehmendes Interesse an Biopolymeren (Verp.-VO = Verpackungsverordnung)

nisch hergestellten neuartigen Biopolymerwerkstoffe der Polylactide, Stärkeblends und verschiedene Polyester.

Auf Basis der Polymerwerkstoffe dieser zweiten Biopolymergeneration, die nahezu ausschließlich als abbaubare und kompostierbare Werkstoffe für den Verpackungs-, Agrar- oder Gartenbereich entwickelt wurden, rücken aktuell verstärkt auch technische Anwendungen von Biopolymeren in anderen Bereichen, wie der Automobil- oder Textilindustrie in den Vordergrund.

Bei dieser *dritten Generation der Biopolymerwerkstoffe* geht die Tendenz von der Abbaubarkeit zur Beständigkeit. Gleichzeitig rückt im Hinblick auf die Limitierung der petrochemischen Rohstoffe insbesondere der Einsatz an nachwachsenden Rohstoffen zur Werkstofferzeugung in den Vordergrund. Neben einer damit auch langfristig sicher verfügbaren Rohstoffbasis liegen zukünftige Schwerpunkte bei der weiteren Entwicklung dieser Biopolymerwerkstoffe auf zusätzlichen technischen Fragestellungen, wie z. B. Wärmeformbeständigkeit, Geruch, Splitterverhalten, Farbgestaltung, UV-Stabilisierung und Langzeitstabilität. Weitere Schwerpunkte sind dabei auch die Entwicklung und der Einsatz entsprechend geeigneter Biopolymeradditive sowie die weitere Optimierung der Herstellungs- und Verarbeitungseigenschaften der Biopolymere (Bild 2.4).

Im Zusammenhang mit einer zunehmend biobasierten Rohstoffbasis und der gleichzeitigen Optimierung der Gebrauchseigenschaften oder dem Beibehalten der von konventionellen Kunststoffen bekannten Eigenschaften wird auch aktuell insbesondere von großen Chemieunternehmen wie beispielsweise Bayer, BASF, Dow Chemicals oder Braskem (Brasilien), DSM, Solvay verstärkt an sogenannten „Drop-in-Lösungen" gearbeitet. Hierbei wer-

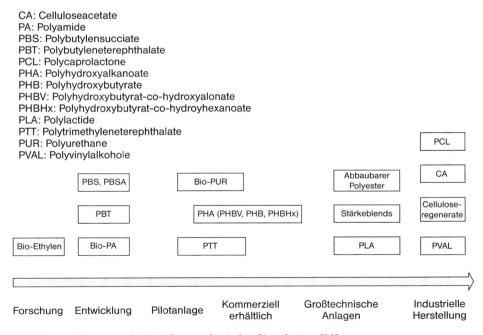

Bild 2.3 Entwicklungsstand (2008) thermoplastischer Biopolymere [38]

24   2 Stand der Kenntnisse

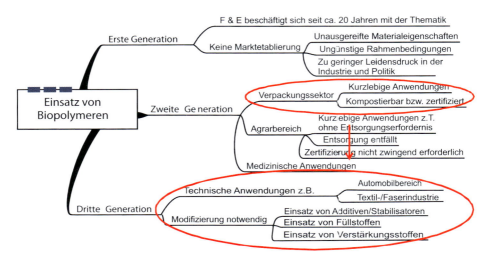

Bild 2.4 Biopolymere der dritten Generation – von der Abbaubarkeit zur Beständigkeit

den die konventionellen Synthesewege der petrochemischen Kunststoffe unter dem alternativen Einsatz biogener Rohstoffe beibehalten und es werden beispielsweise für Polyethylen (Bio-PE), Polyamide (Bio-PA), Polyurethane (Bio-PUR) oder verschiedene Polyester statt der konventionellen petrobasierten Rohstoffe u. a. mehrwertige biogene Alkohole oder biobasierte Carbonsäuren eingesetzt.

2.3   Biologische Abbaubarkeit und Kompostierbarkeit

Biologisch abbaubare Kunststoffe bestehen aus natürlichen (nachwachsenden) Rohstoffen oder synthetischen Bausteinen (fossilen Rohstoffen) und sind biologischen Reaktionen zugänglich – d. h., sie zersetzen sich unter Einwirkung von Mikroorganismen bzw. Enzymen [1]. Allgemein führen biologische Abbauvorgänge bei Kunststoffen zu Beginn zunächst zu einer Veränderung verschiedener Eigenschaften wie z. B. der mechanischen Kennwerte, dem

Bild 2.5 Makroskopischer Abbau einer Biopolymerfolie (Quelle: BASF SE)

optischen Aussehen (Oberflächenstruktur, Verfärbung, etc.), Geruchsentwicklung, oder Erhöhung der Permeabilität (Bild 2.5).

Im Weiteren kann bei der Materialdissoziation zwischen einem enzymatisch induzierten *Primärabbau* (Spaltung der Makromoleküle) und einem enzymatischen *Endabbau* der Spaltprodukte zu Wasser, Kohlendioxid und Biomasse unterschieden werden [56], [87], [89], [91], [100], (Bild 2.6).

Im Rahmen eines vollständigen biologischen Abbaus können die Mikroorganismen die Kunststoffe bzw. deren molekulare Spaltprodukte im Grunde nur durch extrazelluläre Enzyme verarbeiten, die das Material im Wesentlichen durch Oxidations- und Hydrolyseprozesse in noch kleinere Bestandteile zerlegen, welche dann von der Zelle aufgenommen werden können [58], [68], [118] (Bild 2.7). Allerdings sind die Enzyme zu voluminös, um effektiv in das verrottende Material eindringen zu können, sodass dieser Prozess nur als Oberflächenerosion oder auch als diffusionsgesteuerter Vorgang mit flüssigen Trägermedien, insbesondere Wasser, ablaufen kann.

Der biologische Abbau kann unter verschiedensten Umgebungsbedingungen (Erde, Wasser, Salzwasser, Kompost, menschlicher Körper, etc.) erfolgen. Die biologische Abbaubarkeit basiert dabei meist auf dem Vorhandensein von sogenannten Heteroatomen (kein Kohlenstoff) in den Hauptketten der Makromoleküle (vgl. Bild 2.8), welche den Mikroorganismen an dieser Stelle einen Zugang zur Spaltung der Ketten erlauben und damit den Abbauprozess durch einen Primärabbau induzieren. Der weitere Verlauf des Endabbaus der Biopolymerspaltprodukte erfolgt meist durch intrazelluläre Verstoffwechselungsreaktionen der entsprechenden Mikroorganismen [40], [56] Bild 2.8. Die Verstoffwechselbarkeit der Spaltprodukte entscheidet dann darüber, ob es sich lediglich um einen makroskopischen Desintegrationsprozess eines Bauteils oder eines Werkstoffs (Primärabbau) oder tatsächlich um einen vollständigen Endabbau handelt. Wenn der Endabbau der Spaltprodukte nicht sichergestellt ist, kommt es im Falle eines ausschließlichen Primärabbaus zur Akkumulation der Zersetzungsprodukte beispielsweise im Kompost oder im Wasserhaushalt der Erde.

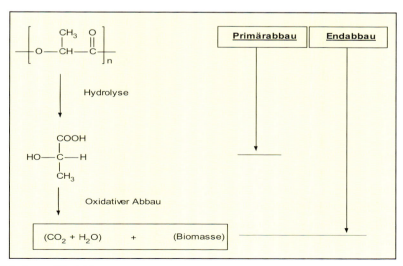

Bild 2.6 Primär- und Endabbau

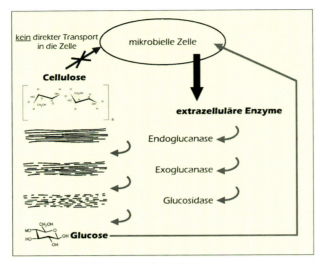

Bild 2.7 Celluloseabbau durch Cellulasen-Enzymkomplexe

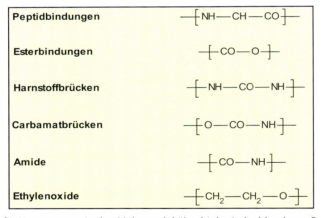

Bild 2.8 Beispiele für Heteroatome in den Makromolekülen biologisch abbaubarer Polymere

Sehr allgemein kann gesagt werden, dass sich mit einem zunehmenden Verhältnis von Heteroatomen zum Kohlenstoff, insbesondere in der Hauptkette, grundsätzlich die Abbaubarkeit erhöht (Bild 2.9).

Selbst die vollständige biologische Abbaubarkeit eines Werkstoffs bedeutet jedoch nicht automatisch auch, dass der Werkstoff und insbesondere auch daraus hergestellte Bauteile kompostierbar sind [84], [87].

Ein Werkstoff wird als biologisch abbaubar bezeichnet, wenn alle organischen Bestandteile allgemein ohne jeglichen Zeitfaktor einem durch biologische Aktivität verursachten Primär- und Endabbau unterliegen.

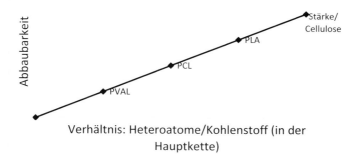

Bild 2.9 Kohlenstoff/Heteroatomen-Verhältnis in der Hauptkette versus Bioabbaubarkeit

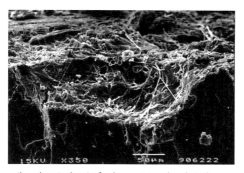

Bild 2.10 Rasterelektronenmikroskopische Aufnahme einer durch Mikroorganismen angegriffenen Biopolymeroberfläche

Mit dem Begriff der Kompostierbarkeit wird dagegen eine Aussage getroffen, ob ein Werkstoff oder ein Stoffgemisch und daraus hergestellte Bauteile unter definierten Bedingungen in einem Kompostierungssystem innerhalb einer vorgegebenen Zeitspanne, d. h. meist eines Kompostierzyklusses von wenigen Wochen bis Monaten, vollständig zu CO_2, H_2O und Biomasse umgewandelt werden kann [24], [26]. Ein Baumstamm ist z. B. biologisch abbaubar, jedoch nicht kompostierbar.

Grundsätzlich gilt, dass die biologische Abbaubarkeit und Kompostierbarkeit von Biopolymeren bzw. daraus hergestellte Produkte mit bestimmten Faktoren aufgrund der daraus resultierenden einfacheren Zugänglichkeit und Verstoffwechselbarkeit der Moleküle für Mikroorganismen zunimmt (siehe Tabelle 2.1).

Der Nachweis der Kompostierbarkeit eines Stoffes erfolgt durch entsprechende Normen, welche in den Abschnitten 3.2 und 3.3 ausführlicher dargestellt werden.

Tabelle 2.1 Abbaubarkeit in Abhängigkeit von verschiedenen mikrostrukturellen Parametern (↑ = Zunahme, ↓ = Abnahme)

Mikrostruktureller Parameter	Abbaubarkeit
Zwischenmolekulare Wechselwirkungen, Kristallinität ↑	↓
Anzahl ungesättigter Verbindungen ↑	↑
Unverzweigte, flexible Molekülstrukturen ↑	↑
Aromatischer Anteil ↑	↓
Molekulargewicht ↑	↓
Polarität/Quellbarkeit ↑	↑
Spezifische Oberfläche ↑	↑

2.4 Oxoabbaubarkeit

Beim Molekülabbau können neben einer biologisch induzierten Zersetzungsreaktion auch weitere Abbaumechanismen den Primärabbau einleiten. Dazu gehört insbesondere eine Spaltung der Makromoleküle durch Strahlung. Die in diesem Zusammenhang wichtigste natürliche Strahlung ist der UV-Anteil im Sonnenlicht. Das Einwirken des Sonnenlichts kann dabei insbesondere bei Polymeren mit chromophoren Gruppen in der Molekülstruktur, wie z. B. aromatischen Polyestern oder Polyamiden, zu einer direkten Spaltung der Polymerketten führen (photoabbaubare Polymere) [63], [91].

Katalysatorreste, Verunreinigungen, Peroxide sowie andere sauerstoffhaltige Komponenten können ebenfalls Sonnenlicht absorbieren und einen Abbau initiieren. Ebenso sind indirekte Spaltprozesse bekannt, bei denen zunächst Wirtmoleküle wie Aldehyde oder konjugierte Doppelbindungssysteme durch die Strahlung angeregt werden und diese angeregten Wirtmoleküle dann im nächsten Schritt die zur Bindungsspaltung benötigte Energie auf das eigentliche Polymermolekül übertragen.

Neben diesem reinen Photoabbau verursacht Sonnenlicht in Kombination mit Sauerstoff auch einen photooxidativen Abbau. Durch Hitze oder das Einwirken von Licht kann der Vorgang des Oxoabbaus durch eine Radikalbildung gestartet werden. Im weiteren Verlauf kann es dann dadurch zur Bildung von Alkylradikalen und durch deren Reaktion mit Sauerstoff zur Bildung von lichtempfindlichen Hydroperoxiden als Zwischenstufe des photooxidativen Abbaus kommen. Durch die anhaltende Einwirkung von Licht und Temperatur kommt es dann im Weiteren zu einer erneuten Radikalbildung (Alkoxy-, Peroxid- und Alkylradikale) auf Basis der zuvor gebildeten Hydroperoxide und schließlich zu einem Abbau der Polymerkette. Sind die Reaktionsprodukte dabei z. B. Carboxylsäuren oder Alkohole, so unterliegen sie einem weiteren Endabbau.

Aktuell wird auch wieder intensiver an der Oxoabbaubarkeit von Polyolefinen, insbesondere PE, z. B. durch die Einarbeitung von speziellen Metallionen zur Initiierung eines radika-

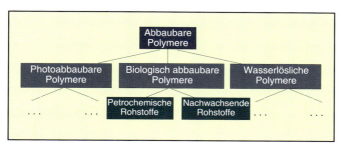

Bild 2.11 Abbaumechanismen bei abbaubaren Polymeren [32]

lischen Oxidationsmechanismusses gearbeitet. Die Methode des Oxoabbaus ist jedoch sehr umstritten. In der Wissenschaft geht man davon aus, dass ein vollständiger mikrobiologischer Endabbau allgemein erst bei oligomeren Spaltprodukten mit weniger als ca. 20 bis 25 C-Atomen stattfindet [63]. Meist sind die Spaltprodukte des Oxoabbaus der Polymere jedoch deutlich größer. Zum Erhalt kleinerer, vollständig abbaubarer Oligomere für einen vollständigen Abbau ist eine entsprechend hohe Dotierung erforderlich. Parallel dazu führt dies jedoch zu sehr erheblichen, meist nicht akzeptablen Qualitätsverlusten bei den Materialeigenschaften.

Eine weitere Möglichkeit zur Initiierung des Primärabbaus ist auch ein Lösevorgang in Wasser mit anschließender oder paralleler Hydrolyse (wasserlösliche Polymere) Bild 2.11.

Diese verschiedenen Reaktionsmechanismen haben alle gemeinsam, dass sie zu einem makroskopischen Primärabbau führen können, ohne dass dadurch jedoch ein sicherer Endabbau der Spaltprodukte gewährleistet ist (vgl. Bild 2.6).

Insbesondere darf daher auch bei einer makroskopischen Desintegration oder makrobiologischen Schädigung unter Reduzierung bzw. Verlust der mechanischen Materialeigenschaften, Veränderung der Oberfläche oder Geruchsentwicklung nicht automatisch bereits von einer vollständigen biologischen Abbaubarkeit oder Kompostierbarkeit der Werkstoffe ausgegangen werden.

2.5 Rohstoff- und Flächenbedarf zur Biopolymererzeugung

Die durch die Land- oder Forstwirtschaft erzeugten Naturstoffe können sowohl im als auch außerhalb des Nahrungsbereiches für technische Zwecke als sogenannte nachwachsende Rohstoffe (NaWaRo) eingesetzt werden (Bild 2.12).

Häufig werden im Hinblick auf limitierte Anbauflächen und den Nahrungsmittelbedarf, insbesondere in der Dritten Welt, bei der Diskussion der Nutzungskonkurrenz der Flächen bzw. der darauf erzeugten Naturstoffe (Stichwort „Tank, Trog oder Teller" oder „Fuel, Food or Feed") die biobasierten Polymere mit gleichem Stellenwert wie den Nahrungs- und Energiebereich mit einbezogen (Bild 2.13).

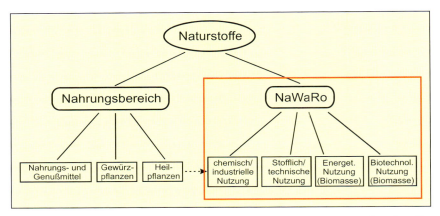

Bild 2.12 Nutzung von Naturprodukten als Nahrungsmittel oder als nachwachsende Rohstoffe für technische Zwecke

Bild 2.13 Nutzungskonkurrenz nachwachsender Rohstoffe

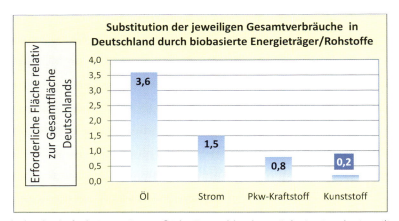

Bild 2.14 Flächenbedarf relativ zur Gesamtfläche Deutschlands zur Substitution des jeweiligen Energieträgers bzw. Werkstoffs durch nachwachsende Rohstoffe

Dies geschieht jedoch in diesem Ausmaß nach Auffassung des Autors zu Unrecht, da die biobasierten Biopolymere gegenüber der Anbaufläche zur Erzeugung von Nahrungsmitteln oder dem Einsatz nachwachsender Rohstoffe als Energieträger einen signifikant niedrigeren Flächenbedarf und gleichzeitig ein deutliches höheres Substitutionspotenzial haben. Das bedeutet, dass z. B. zur vollständigen Substitution des deutschen Erdölbedarfs durch Pflanzenöl theoretisch mindestens die 3,6-fache Fläche der Gesamtfläche (nicht Anbaufläche) der Bundesrepublik Deutschland erforderlich wäre, während zur Substitution der gesamten deutschen Kunststofferzeugung theoretisch lediglich 20 % der Gesamtfläche Deutschlands eingesetzt werden müsste, Bild 2.24.

Um den deutschen Strombedarf durch Verbrennung und Verstromung von Biomasse zu decken, wäre etwa die 1,5-fache Fläche der Bundesrepublik Deutschland erforderlich. Zur Substitution des deutschen Diesel- und Benzinbedarfs als Treibstoff für Kraftfahrzeuge jeweils durch Biodiesel und durch Bioethanol müsste etwa das 0,8-fache der gesamten Fläche Deutschlands eingesetzt werden.

Die genaueren zugehörigen Zahlen zum Energie- und Rohstoffbedarf, die diesen Abschätzungen zugrunde liegen, werden in Tabelle 2.2 dargestellt.

Tabelle 2.2 Flächennutzung, Flächenerträge sowie Verbrauchsdaten weltweit, USA, EU 25 und Deutschland (Stand 2007/2008)

	Welt	USA	EU 25	Deutschland
Gesamtfläche [10^6 ha]	15.000	983	435	36
Landwirtschaftsfläche [10^6 ha]	1.550	196	180	17
Ölverbrauch [10^6 t/a]	4.100	1030	730	130
Stromverbrauch [10^9 kWh/a]	16.500	3.750	2.850	540
Pkw-Treibstoffverbrauch [10^6 t/a]	1.500	300	250	50
Kunststofferzeugung [10^6 t/a]	260	70	65	20
Mittlerer Pflanzenölertrag [t/ha·a]	3,5	1,7	1	1
Mittlerer Biopolymerertrag [t/ha·a]	2,5	2,5	2,5	2,5
Mittlerer Biodieselertrag [Liter/ha·a]	1.500	2.000	1.500	1.500
Mittlerer Bioethanolertrag [Liter/ha·a]	4.000	4.000	2.500	2.500
Mittlerer biomassebasierter Stromertrag [kWh/ha·a]	15	12	11,3	11,3

Bei der Angabe des Stromertrags wurde von einem mittleren Biomasseertrag von 8 t/ha mit einem Heizwert von 15 MJ/kg und einem Wirkungsgrad von 30 % bei der Verstromung ausgegangen.

Der mittlere Biopolymerertrag von 2,5 t/ha · a basiert auf den mittleren Erträgen der jeweiligen Rohstoffe (z. B. Stärke, Zucker) und dem jeweiligen Rohstoffbedarf zur Erzeugung der verschiedenen Biopolymere bzw. der biobasierten Werkstoffkomponenten innerhalb des jeweiligen Biopolymers. Die genaueren einzelnen Rohstofferträge der verschiedenen nachwachsenden Rohstoffe und der jeweilige Rohstoffbedarf zur Erzeugung der verschiedenen Biopolymere sowie die daraus resultierenden theoretischen Biopolymererträge je Hektar und Jahr sind in den Bildern 2.17 – 2.20 dargestellt.

Wird dagegen auf Basis dieser Zahlenwerte die gleiche Abschätzung für eine realistischere Substitution von jeweils nur 20 % des deutschen Öl-, Strom-, Treibstoff- oder Kunststoffbedarfes durchgeführt und werden die dazu jeweils erforderliche Fläche statt mit der Gesamtfläche jetzt mit der in Deutschland zur Verfügung stehenden landwirtschaftlich genutzten Fläche ins Verhältnis gesetzt, so ergibt sich ein realistischer Sachverhalt mit erwartungsgemäß ähnlicher Tendenz (Bild 2.15).

Das bedeutet, um 20 % der deutschen Kunststoffproduktion (ca. 20 Mio. Jahrestonnen) durch Biopolymere zu substituieren, d. h. 4 Mio. Jahrestonnen, wären bei einem angenommenen mittleren Biopolymerertrag von 2,5 t/ha · a ca. 1,6 Mio. ha erforderlich. Im Verhältnis zur deutschen Landwirtschaftsfläche (17 Mio. ha) sind dies ca. 9 %.

Zur Sicherstellung der derzeitigen weltweiten Gesamtproduktion an Biopolymerwerkstoffen in Höhe von ca. 0,4 Mio. Jahrestonnen sind demnach weniger als 1 % der deutschen Landwirtschaftsfläche oder ca. 0,01 % bzw. der weltweiten landwirtschaftlichen Fläche erforderlich (Bild 2.16).

Es kann daher festgehalten werden, dass der Einsatz nachwachsender Rohstoffe zur Erzeugung von Biopolymeren selbst bei einem höheren Marktanteil einen signifikant geringeren Flächenbedarf als die vergleichsweise Erzeugung von entsprechenden Mengen biogener Energieträger erfordert.

Gegenüber diesem geringen Flächenbedarf zur Erzeugung von biobasierten Biopolymeren gibt es zudem verschiedene Industriebereiche, in denen bereits seit langer Zeit deutlich signifikantere Mengen an nachwachsenden Rohstoffen eingesetzt werden, ohne dass dabei entsprechende Bedenken oder umfangreiche ethische Diskussionen aufkommen. So werden beispielsweise in der Papierindustrie jährlich etwa 5 Mio. t Stärke als potenzielles Nahrungsmittel mit entsprechendem Flächenbedarf zur Papiererzeugung eingesetzt. Der derzeit geschätzte Stärkeeinsatz zur Erzeugung von Biopolymeren beträgt dagegen mit maximal 250.000 Jahrestonnen nur ca. 5 % dieses Stärkeeinsatzes in der Papierindustrie.

Zur Bewertung des Flächenbedarfes der Biopolymere werden hier zunächst die jährlichen Erträge der verschiedenen nachwachsenden Rohstoffe näher betrachtet. Aufgrund der unterschiedlichen klimatischen und geografischen Anbaubedingungen sowie der unterschiedlichen Extensivität des Anbaus ergeben sich teilweise große Schwankungsbreiten. Durch eine entsprechend intensive Bewirtschaftung in Europa spiegeln die Maximalerträge bei den in Europa kultivierbaren nachwachsenden Rohstoffen daher die europäischen Spitzenerträge wider, während die unteren Werte jeweils meist die Mittelwerte des weltweiten Anbaus darstellen.

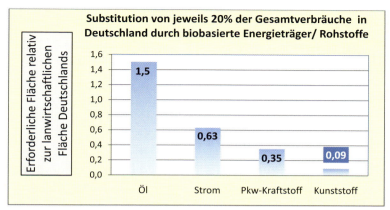

Bild 2.15 Flächenbedarf relativ zur Landwirtschaftsfläche Deutschlands zur Substitution von 20 % des jeweiligen Energieträgers bzw. Werkstoffs durch biobasierte Energieträger bzw. biobasierte Werkstoffe

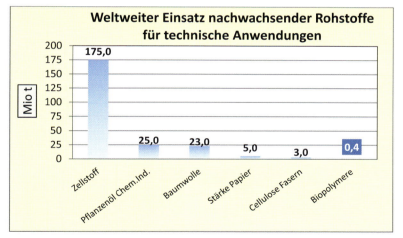

Bild 2.16 Weltweiter Einsatz verschiedener nachwachsender Rohstoffe für technische Zwecke

Zur Bestimmung der absoluten Erträge sind in Bild 2.17 zunächst die jeweils relevanten Erträge der zugehörigen nachwachsenden Rohstoffe als Wertstoffe selbst und nicht wie zunächst häufig die nur bedingt relevanten Erträge der gesamten zugehörigen pflanzlichen Biomasse dargestellt.

Hierbei handelt es sich nur um die absoluten Erträge bei den jeweiligen nachwachsenden Rohstoffen, völlig ungeachtet der unterschiedlichen Wertschöpfung oder der unterschiedlichen Erfordernisse zum Anbau und zur Gewinnung/Isolierung der jeweiligen nachwachsenden Rohstoffe.

Des Weiteren wurden in dieser Abbildung zum besseren Vergleich und zur besseren Übersicht die nachwachsenden Rohstoffe in die Gruppen Zucker, Stärke, Pflanzenöl und Cellulose

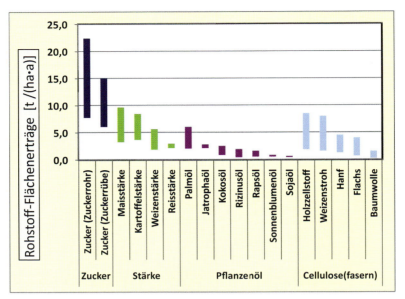

Bild 2.17 Absolute jährliche Flächenerträge verschiedener nachwachsender Rohstoffe

(faser)-artige Rohstoffe unterteilt. Dabei zeigt sich, dass die Zuckerpflanzen die höchsten Erträge an nachwachsenden Rohstoffen liefern. Auch die Stärkepflanzen liefern noch relativ hohe Rohstofferträge, während die Erträge der entsprechenden nachwachsenden Rohstoffe bei den Öl- und Cellulose liefernden Pflanzen im Vergleich grundsätzlich geringer sind. Beim Öl liefert lediglich das Palmöl und annähernd das Jatrophaöl ähnliche Erträge wie der Stärkeanbau.

Um die jährlich erzeugbare, flächenbezogene Menge an Biopolymeren (Biopolymerflächenertrag) zu ermitteln, muss außerdem der in Bild 2.18 dargestellte jeweilige auf nachwachsenden Rohstoffen basierende Werkstoffanteil der verschiedenen Biopolymere bekannt sein. Insbesondere bei den Blends zeigt sich dabei ein breiter Bereich des jeweils biobasierten Werkstoffanteils, da hier häufig auch petrochemische Blendkomponenten zugegeben werden.

Des Weiteren muss für diese dargestellten biobasierten Werkstoffanteile die Effizienz der jeweiligen Rohstoffumwandlung, d. h. die jeweils erforderliche Ausgangsmenge an nachwachsenden Rohstoffen für die biobasierten Werkstoffkomponenten bekannt sein. Bild 2.19 zeigt in diesem Zusammenhang auf Basis des jeweiligen biobasierten Werkstoffanteils und der jeweils entsprechend erforderlichen Rohstoffeinsätze das repräsentative Verhältnis vom Input an nachwachsenden Rohstoffen zum gesamten Werkstoffoutput. Beim Ethanol als Zwischenstufe wurde z. B. näherungsweise von 0,5 Tonnen Ethanol pro Tonne Zucker ausgegangen. Beachtet werden muss dabei jedoch unbedingt, dass nahezu alle Biopolymere nicht vollständig zu 100 % biobasiert sind. Teilweise liegt der auf nachwachsenden Rohstoffen basierende Werkstoffanteil sogar unter 25 Gew.-%, d. h., dass in diesem Fall 75 Gew.-% der Werkstoffe gar nicht in die Ermittlung der erforderlichen Flächen mit eingehen, da sie nicht auf nachwachsenden Rohstoffen basieren. Grundsätzlich gilt daher, dass je geringer der biobasierte Werkstoffanteil, umso höher ist die in Relation zur Anbaufläche resultie-

2.5 Rohstoff- und Flächenbedarf zur Biopolymererzeugung

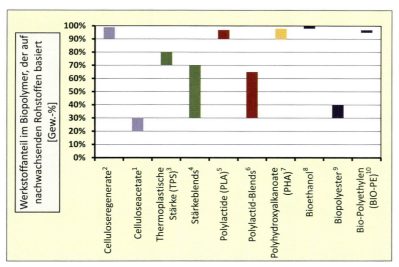

Bild 2.18 Auf nachwachsenden Rohstoffen basierende Werkstoffgewichtsanteile in verschiedenen Biopolymeren

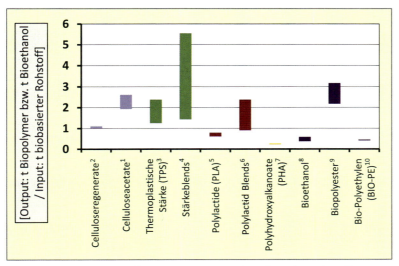

Bild 2.19 Biopolymeroutput im Verhältnis zum Input an nachwachsenden Rohstoffen

rende absolute Werkstoffmenge an Biopolymer. Dies zeigt auch der direkte Vergleich der Bilder 2.18 und 2.19, die grundsätzlich jeweils eine umgekehrte Proportionalität aufweisen. Die alleinige Angabe des flächenbezogenen Biopolymeroutputs ist daher nicht ausreichend.

Bei der Ermittlung des in Bild 2.19 dargestellten Outputs an Biopolymerwerkstoffen im Verhältnis zum Input an nachwachsenden Rohstoffen wurden im Einzelnen folgende Annahmen getroffen:

1: Celluloseacetat (CA): *Cellulosebasierter Werkstoffanteil 20 – 30 Gew.-%*

Da selbst beim noch partiell bioabbaubaren Celluloseacetat mindestens ca. ⅔ der Hydroxylgruppen des Glucosebausteins durch Acetatgruppen ersetzt werden (vgl. Abschnitt 4.2.3.3), d. h. der Substitutionsgrad in der Regel größer 2,0 ist und zudem in Cellulosederivaten nicht biobasierte Weichmachergehalte von bis zu maximal 30 Gew.-% eingesetzt werden, wurde beim Celluloseacetat von einem cellulosebasierten Werkstoffanteil zwischen 20 und 30 Gew.-% ausgegangen. Das bedeutet umgekehrt, dass unter Umständen bis zu 80 Gew.-% des Werkstoffs gar nicht auf Cellulose, sondern auf Essigsäureanhydrid bzw. Essigsäure (großtechnisch meist durch katalytische Umsetzung von petrochemischem Methanol mit Kohlenmonoxid unter Druck hergestellt) und weiteren petrochemischen Weichmachern basieren. Bei einem angenommenen minimalen Substitutionsgrad von 2 beträgt allein der Acetatanteil bereits ca. 55 Gew.-%.

2: Celluloseregenerate: *Cellulosebasierter Werkstoffanteil 90 – 99 Gew.-%*

Die Celluloseregenerate werden im Biopolymerbereich meist in beschichteter Form (z. B. Barriereschicht, Siegelschicht) als Folienwerkstoffe eingesetzt. Für die gewichtsmäßig dominierende Matrix kann von einem Cellulosegehalt von nahezu 100 % ausgegangen werden. Für die Beschichtung wurde ein Gewichtsanteil von max. 10 % angenommen.

3: Thermoplastische Stärke (TPS): *Stärkebasierter Werkstoffanteil 70 – 80 Gew.-%*

Um die Verarbeitungs- und Gebrauchseigenschaften der thermoplastisch verarbeitbaren Stärkepolymere zu optimieren, muss native Stärke modifiziert und/oder insbesondere mit Weichmacher wie Glycerin oder Sorbitol additiviert werden. Es wurde daher im Mittel von einem direkt auf die Stärke zurückzuführenden Werkstoffanteil von 70 – 80 Gew.-% ausgegangen. Dabei wurde für die unmodifizierte Stärke eine Umsetzung zum Biopolymerwerkstoff von 100 % angenommen. Für Stärkeacetat wurde ähnlich wie beim Celluloseacetat bei einem hohen Substitutionsgrad von einem Stärkebedarf von nur 600 kg pro Tonne der Stärkekomponente ausgegangen. Für die restlichen Additive oder Weichmacher wurde eine petrochemische Rohstoffbasis angenommen.

4: Stärkeblends: *Stärkebasierter Werkstoffanteil 25 – 70 Gew.-%*

Um die Verarbeitungs- und Gebrauchseigenschaften der thermoplastisch verarbeitbaren Stärkepolymere zu optimieren, muss native Stärke – wie bereits dargestellt – modifiziert oder mit anderen Biopolymeren geblendet werden. Die zweite Blendkomponente stellt meist die kontinuierliche Phase in dem Blend dar. Es wurde daher bei den Stärkeblends von einem direkt auf die Stärke zurückzuführenden Werkstoffanteil von 30 – 75 Gew.-% ausgegangen. Für diesen Anteil wurden die Werte der Thermoplastischen Stärke aus Annahme 3 verwendet. Für die anderen 25 – 70 Gew.-% der Stärkeblends wurde eine petrochemisch basierte Werkstoffkomponente angenommen.

5: Polymilchsäure *(Poly-Lactic-Acid = PLA): PLA-basierter Werkstoffanteil 90 – 97 Gew.-%*

Bei den auf Basis von Milchsäure erzeugten PLA-Polymeren wurde davon ausgegangen, dass dem PLA lediglich funktionale Additive (Nukleierungsmittel, Farbbatche, Stabilisatoren, etc.) in einer Menge von 3 – 10 Gew.-% zugegeben wurden. Für PLA wurde als Rohstoff Maisstärke angenommen.

6: PLA-Blends: *PLA-basierter Werkstoffanteil 30 – 65 Gew.-%*

Bei diesen überwiegend für Folienanwendungen entsprechend duktilen PLA-Blends kann von einem PLA-basierten Werkstoffanteil zwischen maximal 65 und minimal 30 Gew.-%

ausgegangen werden. Für die PLA-Komponente wurden die Werte des PLAs aus Annahme 5 verwendet. Bei der zweiten Blendkomponente handelt es sich meist um einen Bio-Polyester. Für den Bio-Polyesteranteil (30 – 65 Gew.-%) wurden die unter Annahme 9 beschriebenen Annahmen getroffen. Zusätzlich wurde bei den PLA-Blends noch von 5 Gew.-% petrochemisch basierter Additive, z. B. zur besseren Anbindung beider Werkstoffphasen oder Verarbeitungshilfsmitteln ausgegangen.

7: Polyhydroxyalkanoate (PHAs): *PHA basierter Werkstoffanteil 90 – 98 Gew.-%*

Bei den fermentativ erzeugten Polyhydroxyalkanoaten (PHAs) wurde aufgrund eines nur geringen Additivanteils von einem mittleren, biobasierten Werkstoffanteil im PHA-Gehalt von 90 – 98 Gew.-% ausgegangen. Zur Erzeugung einer Tonne PHA wurde ein Zuckerbedarf von 4 bis 5 Tonnen angenommen.

8: Bioethanol

Für die Erzeugung von Bioethanol als Zwischenstufe insbesondere für Biopolyethylen und verschiedene Bio-Polyester wurde davon ausgegangen, dass der gesamte Bioalkohol zuckerbasiert ist. Außerdem kann davon ausgegangen werden, dass im günstigsten Fall ca. 1,7 und im ungünstigsten Fall 2,7 Tonnen Zucker pro Tonne Bioethanol erforderlich sind.

9: Bio-Polyester: *Bioalkoholanteil 30 – 40 Gew.-%, Rest petrochemische Rohstoffbasis*

Bei den Bio-Polyestern wurde zur Bestimmung der Umwandlungseffizienz von einem bioalkoholbasierten Werkstoffanteil von 30 – 40 Gew.-% ausgegangen, d. h. umgekehrt, dass 60 – 70 Gew.-% der sogenannten Biopolyesterwerkstoffe nicht auf nachwachsenden Rohstoffen basieren. Für den Bioalkoholanteil wurden der Rohstoffbedarf für Bioethanol gemäß der Angaben aus Annahme 8 verwendet.

10: Bio-Polyethylen (Bio-PE): *Bioalkoholbasierter Werkstoffanteil 95 – 98 Gew.-%*

Im Hinblick auf konventionelles PE wurde für Bio-Polyethylen ein Additivanteil von 2 bis maximal 5 Gew.-%, d. h. ein bioethanolbasierter Werkstoffanteil von 95 – 98 Gew.-% angenommen. Des Weiteren wurde angenommen, dass 2,3 – 2,5 t Ethanol pro Tonne Polyethylen erforderlich sind. Für den Bioethanolanteil wurden wiederum die Angaben aus Annahme 8 verwendet.

Abschließend wurden zur Bestimmung des jährlichen flächenbezogenen Biopolymeroutputs nun aus dem jeweiligen biobasierten Werkstoffanteilen der Biopolymere (vgl. Bild 2.18), der dafür jeweils erforderlichen Inputmenge an nachwachsenden Rohstoffen (vgl. Bild 2.19) und dem zugehörigen jährlichen Flächenertrag an nachwachsenden Rohstoffen (vgl. Bild 2.17) der jeweilige theoretisch erzielbare, jährliche Flächenertrag der verschiedenen Biopolymere berechnet und in Bild 2.20 dargestellt.

Durch die Schwankungsbreite bei den Erträgen der verschiedenen nachwachsenden Rohstoffe sowie der Möglichkeit auch verschiedene Biorohstoffe (z. B. Stärke oder Zucker) bei der Herstellung der gleichen Biopolymere einzusetzen und den zum Teil sehr unterschiedlichen biobasierten Werkstoffanteilen, ergibt sich am Ende eine große Schwankungsbreite bei den daraus berechneten theoretischen Biopolymerflächenerträgen.

Da bei der Biopolymerherstellung jedoch aus wirtschaftlichen Gründen eine maximale Rohstoffausnutzung und möglichst hohe Flächenerträge angestrebt werden, ist ein Vergleich der oberen Werte eher repräsentativ für die realen Tendenzen der Biopolymerflächenerträge. Demnach weist z. B. ein Bio-PE aufgrund des großen Zuckerbedarfs bei der Bioethanolerzeugung und des hohen Ethanolbedarfs zur Polymerisation des Polyethylens, trotz der

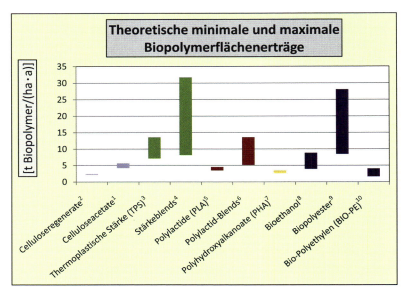

Bild 2.20 Minimale und maximal mögliche Biopolymererträge pro Hektar und Jahr. Beachtet werden muss jedoch dabei, dass die Biopolymere nicht vollständig zu 100% biobasiert sind. Teilweise liegt der biobasierte Werkstoffanteil sogar unter 25 Gew.-%.

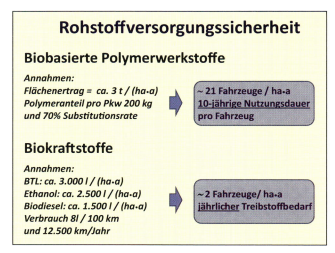

Bild 2.21 Flächenspezifische Versorgungssituation beim stofflichen und energetischen Einsatz von Biorohstoffen

hohen Zuckererträge im Bezug auf die erzeugbare Biopolymermenge, die geringste Flächeneffizienz aus. Aufgrund der besseren Umsatzraten bei der Fermentation zeigt dagegen z. B. auch ein additiviertes PLA mit einem hohen biobasierten Werkstoffanteil eine höhere Flächeneffizienz. Die ebenfalls niedrigen Flächenerträge der PHAs sind u. a. auf den hohen

Rohstoffinput bei der Fermentation zurückzuführen. Die relativ geringe Flächeneffizienz der PHAs kann zudem, wie auch bei den Celluloseregeneraten, auf den hohen biobasierten Werkstoffanteil bzw. das Fehlen eines nicht Flächen- bzw. Biorohstoff-gebundenen Werkstoffanteils zurückgeführt werden.

Umgekehrt führt insbesondere bei den Biopolyestern, den Stärkeblends, den PLA-Blends und beim Celluloseacetat der höhere Anteil an nicht biorohstoffabhängigen Werkstoffkomponenten zu einer scheinbar hohen Flächeneffizienz, die jedoch auf die Zugabe signifikanter Anteile der nicht flächengebundenen petrochemischen Werkstoffkomponenten zurückzuführen ist.

Wesentlich ist jedoch am Ende die Tatsache, dass gegenüber den Biokraftstoffen die Biopolymere zum Erlangen sichtbarer Marktanteile im Kunststoffbereich neben den signifikant geringeren Absolutmengen auch eine höhere Flächeneffizienz aufweisen.

Bei stofflicher Nutzung nachwachsender Rohstoffe kann z. B. mit einem Hektar der Werkstoffbedarf von 21 Fahrzeugen bei einer mittleren Fahrzeuglebedauer von 10 Jahren gedeckt werden, während im Falle der Kraftstofferzeugung ein Hektar lediglich für den jährlichen Bedarf von 2 Fahrzeugen ausreicht, Bild 2.21.

2.6 Nachhaltigkeit und Entropieeffizienz von Biopolymeren

Der Begriff der Nachhaltigkeit wird zwar gerade heutzutage sehr intensiv in nahezu allen Bereichen der Wissenschaft, Wirtschaft, Ethik und Industrie verwendet, jedoch ist er in der Wissenschaft unscharf definiert und wird auch auf unterschiedliche Art und Weise interpretiert. Eine Gemeinsamkeit aller Nachhaltigkeitsdefinitionen ist jedoch eine Formulierung zum Erhalt eines Systems bzw. bestimmter Charakteristika eines Systems zum Wohle der zukünftigen Generationen. Das System kann dabei sehr unterschiedlich in seiner Art und Größe sein, wie z. B. die Produktionskapazität eines regionalen oder nationalen sozialen Systems oder der Erhalt eines regionalen oder auch globalen ökologischen Systems.

Die Ursprünge des Begriffs „Nachhaltigkeit" gehen zurück bis ins 18. Jahrhundert. Vor dem Hintergrund einer drohenden Holzverknappung und angesichts des erwarteten enormen Holzbedarfs durch die beginnende Industrialisierung setzte sich Nachhaltigkeit als Grundsatz der Forstwirtschaft in ganz Mitteleuropa durch. Seit rund 250 Jahren gilt Nachhaltigkeit als zentrales Handlungsprinzip in der Forstwirtschaft – d. h., es wird nur soviel Holz geschlagen, wie in gleicher Menge nachwächst bzw. es wird die gleiche Menge wieder angepflanzt, wie geschlagen wurde.

Heutzutage wird im Zusammenhang mit einem nachhaltigen Handeln in Abhängigkeit vom betrachteten System häufig auch zwischen einer ökologischen, ökonomischen und sozialen bzw. gesellschaftlichen Nachhaltigkeit unterschieden.

Dabei werden als übergeordnete Systeme die Umwelt, die menschliche Gesellschaft oder Wirtschaftssysteme betrachtet, Bild 2.22.

Unter ökologischer Nachhaltigkeit wird allgemein verstanden, dass die Nutzung von Rohstoffen/Energieträgern und die damit verbundenen Umwandlungsprozesse/Emissionen nur

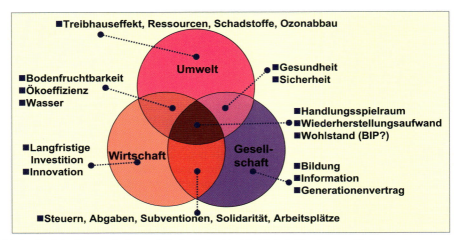

Bild 2.22 Soziale, ökonomische und ökologische Nachhaltigkeit (Quelle: modifiziert nach Carbotech AG)

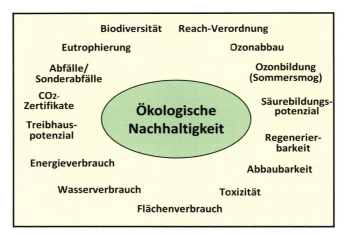

Bild 2.23 Begriffe im Kontext zur ökologischen Nachhaltigkeit

in einer Weise erfolgen darf, dass der Selbstlebenserhalt, die Regenerierbarkeit und die ökologische Stabilität dieses Systems mit seinen wesentlichen Eigenschaften erhalten bleibt.

Alle natürlichen, auf der Erde vorkommenden Systeme sind durch eine ausgesprochene ökologische Nachhaltigkeit geprägt. Beispielsweise wird in der Natur (im Gegensatz zur menschlichen Müllmenge) nur soviel Biomasse aufgebaut, wie in gleicher Zeit auch wieder abgebaut werden kann. Parallel dazu wird beim Abbau der Biomasse in der Natur auch nur so viel CO_2 erzeugt, wie zum Aufbau neuer Biomasse wieder verstoffwechselt wird. Gleiches gilt für die anderen am Biomasseaufbau und Abbau beteiligten Elemente.

Die Ökosysteme der Erde können jedoch durch eine überproportionale anthropogene Entnahme von Ressourcen wie z. B. Holz (Regenwaldzerstörung) oder Wasser (Austrocknung des

Aralsees) oder das Zuführen von Substanzen, Abfällen und Emissionen (z. B. CO_2, FCKWs oder andere Treibhausgase, Versauerung der Meere, saurer Regen) in einen nach menschlichen Zeitmaßstäben nicht natürlich regenerierbaren Zustand überführt werden. Auch hier gilt der Massenerhaltungssatz, aber die verbrauchten Ressourcen (z. B. Erdöl) werden nicht mit gleicher Geschwindigkeit regeneriert noch werden die daraus erzeugten Umwandlungsprodukte (z. B. Kunststoffe) oder Abfälle mit gleicher Geschwindigkeit wieder abgebaut und als Rohstoffressource erneut zur Verfügung gestellt. Dies gilt insbesondere für den Einsatz des Erdöls als Energieträger bzw. die Geschwindigkeit des Erdölverbrauchs. Wir erzeugen um ein Vielfaches mehr an CO_2, wie in gleicher Zeit wieder in Biomasse fixiert und zu Erdöl zurückgewandelt wird. Anders ausgedrückt bedeutet dies, dass wir in einem Jahr die Menge an Erdöl verbrauchen, deren Entstehung einige Millionen Jahre in Anspruch genommen hat bzw. deren Neubildung einige Millionen Jahre in Anspruch nehmen wird. Um das durch die Nutzung/Verbrennung petrochemischer Rohstoffe zusätzlich erzeugte, anthropogene CO_2 im Wald als Senke zu binden, müsste die gesamte weltweite Waldfläche in grober Annäherung verdoppelt werden.

Das bedeutet, dass wir insbesondere durch unseren derzeitigen gedankenlosen Umgang mit den limitierten abiotischen Ressourcen wie Erdöl, Erdgas, Uran, Metallerze oder Wasser, Luft und Boden das Verhalten und die Entwicklungsmöglichkeiten zukünftiger Generationen einschränken. Um z. B. allen circa sechs Mrd. Erdbewohnern den gleichen Lebensstandard wie einem Durchschnittsamerikaner zu geben, bräuchte es drei Erden, um die dafür erforderlichen Rohstoffe, Energie und Abfallentsorgung sicher zu stellen. Dieses Verhalten ist nicht nachhaltig.

Diese Formulierung ist jedoch sehr allgemein und eignet sich daher in dieser Form noch nicht zu einer quantifizierbaren Bewertung der Nachhaltigkeit eines Prozesses oder Produktes. Daher wird oft die Ökobilanzierung oder die sogenannte Life Cycle Analysis (LCA) zur Beurteilung der ökologischen Nachhaltigkeit eines Werkstoffes, Produktes oder Prozesses herangezogen. Meist geschieht dies in Form eines Vergleiches des zu bewertenden Produkts mit dem Konkurrenzprodukt oder dem direkten Vergleich verschiedener Prozesse, bei denen jeweils der Einfachheit halber der Nutzen gleichgesetzt wird. Die Bewertung basiert dann auf einer Erfassung der dabei jeweils erzeugten Emissionen sowie der quantitativen Bewertung und Gewichtung der verschiedenen Umweltauswirkungen (eine genauere Beschreibung der Methodik zur Ökobilanzierung ist in Abschnitt 7.1 dargestellt). Dabei werden jedoch die produkt- oder prozessbezogenen emittierten Mengen und nicht die Reversibilität, d. h. die Umkehrbarkeit oder die zur Umkehrung des betrachteten Prozesses erforderlichen Aufwendungen bzw. die damit zwangsläufig verknüpften Emissionen bewertet. Die Ökobilanzierung berücksichtigt damit nur bedingt die Irreversibilität eines Prozesses als wichtige Größe und damit auch nur bedingt die Umverteilung der Materie über den gesamten Lebensweg eines Produktes einschließlich der Entsorgung. So ist z. B. die Emission von CO_2 durch den biologischen Abbau von organischer Substanz nicht per se ökologisch schlecht. Problematisch ist nicht die absolut vorhandene oder erzeugte CO_2-Menge, sondern die Irreversibilität der Erhöhung des CO_2-Anteils durch Emission von irreversiblen CO_2. Die Natur ist unter Zuhilfenahme der Sonnenenergie in der Lage, den Prozess wieder umzukehren, d. h. das beim Abbau von Biomasse freigesetzte CO_2 wieder „einzufangen" und erneut in organischer Biomasse zu fixieren. Das bedeutet, dass es sich hierbei um reversible CO_2-Emissionen oder auch um reversibles CO_2 handelt. Dagegen ist die erneute Fixierung des durch die Verbrennung des Erdöls freigesetzten Kohlendioxids in über Millionen von Jahren über Biomasse gebildetes Erdöl im Vergleich zu menschlichen Zeitmaßstäben ein irreversibler Prozess. Die Auswirkungen eines biobasierten oder petrobasierten CO_2-Moleküls sind dagegen gleich, unabhängig vom Ursprung.

Ein weiteres Problem bei der Ökobilanzierung ist, dass bei der vergleichenden Bewertung vom gleichen Nutzen ausgegangen wird. Sollen unterschiedliche Prozesse/Produkte miteinander verglichen werden, so ist jedoch die Lösung am nachhaltigsten, die bei geringstem ökologischem Schaden zugleich einen maximalen Nutzen generiert.

Aus wissenschaftlicher Sicht eignet sich daher der Begriff der Entropie, oder besser die im Folgenden beschriebene Entropieeffizienz, sehr gut zur ergänzenden Beurteilung der ökologischen Nachhaltigkeit eines Werkstoffes, Produktes oder Prozesses. Hier wird statt der Bewertung der ökologischen Ausmaße bei der Herstellung, dem Gebrauch oder der Entsorgung eines Prozesses oder Produktes der Aufwand zur Rückführung des Systems oder der Produktkomponenten in den ursprünglichen Zustand in Relation zum Prozess- oder Produktnutzen betrachtet.

Die energetische und stoffliche Nutzung fossiler Rohstoffe führt unausweichlich zur Umverteilung von Materie und zu einer Entwertung unseres Planeten. Nach dem ersten Hauptsatz der Thermodynamik, dem Massen- und Energieerhaltungssatz, kann zwar weder Energie noch Materie auf der Erde neu geschaffen oder vernichtet werden, jedoch ist die Umwandlung von einer Energieform in eine andere oder auch die Nutzung von Materie immer mit Verlusten verbunden und führt zu einer weniger nutzbaren Form von Energie (Anergie) oder Materie.

Damit kann erklärt werden, dass die Umwandlung des fossilen Kohlenstoffs in CO_2 nach menschlichen Zeitmaßstäben eine Einbahnstraße ist, oder dass wir auf der einen Seite über den Temperaturanstieg durch den Treibhauseffekt klagen und auf der anderen Seite uns gleichzeitig aber über die Sicherheit der zukünftigen Energieversorgung Gedanken machen. Die Problematik hierbei ist, dass die in der Atmosphäre zunehmende Wärmeenergie für die Menschheit nicht wirklich energetisch nutzbar ist, Bild 2.24.

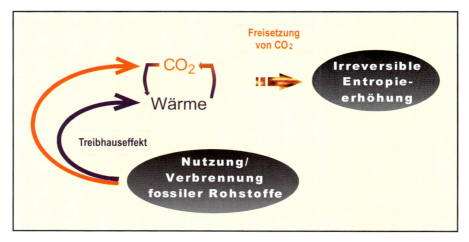

Bild 2.24 Nutzung fossiler Ressourcen führt zur Freisetzung von Wärme und CO_2, d. h. zu einer irreversiblen Entropieerhöhung

Dies ist der Inhalt des zweiten Hauptsatzes der Thermodynamik, des Entropiesatzes. Menschliche Tätigkeit führt zu einer Entwertung von Energie und Materie, nutzbare Formen werden in nicht mehr nutzbare oder mit schlechterem Wirkungsgrad umwandelbare Energieformen (z. B. Bewegungsenergie in Wärme) und Materieformen (z. B. Erdöl zu CO_2) überführt. Die Entropie ist vereinfacht gesagt, ein Maß für die Irreversibilität dieser Umwandlungsprozesse. Im Falle der Energie entspricht die mit dem Umwandlungsprozess verbundene Entropieproduktion der *Einbuße an zurück gewinnbarer Energie/Arbeit (Exergie)*.

Das bedeutet, dass lediglich bei idealisierten, vollständig reversiblen Prozessen keine Entropie erzeugt wird. In der Realität wird daher bei jedem anthropogenen Umwandlungsprozess Entropie erzeugt, Bild 2.25.

Gleiches gilt für die Umverteilung von Materie. Die Umverteilung der Materie, wie beispielsweise bei der Verbrennung die Emission von CO_2 oder die Erzeugung und Verteilung von Abfall, führt zu einer Erhöhung der Unordnung bzw. Entropie auf der Erde und es muss an anderer Stelle Energie aufgewendet werden, um den „alten Ordnungszustand" wieder herzustellen. Das bedeutet, dass an einer Stelle auf der Erde Entropie erzeugt wird, um an anderer Stelle der Erde die Entropie durch Erhöhung des Ordnungszustandes zu reduzieren. Aufgrund der Tatsache, dass reale Umwandlungsprozesse immer einen Wirkungsgrad kleiner als 1 haben, kommt es jedoch dabei in Summe insgesamt immer zu einer Entropieerhöhung. Da wir zudem die einmal gebildete Entropie nicht mehr vernichten können, müssen wir beim nachhaltigen Handeln versuchen, die Entropieproduktion so gering wie möglich zu halten, d. h. den Anteil und das Maß an irreversiblen Umwandlungsprozessen zu reduzieren.

Die Entropieeffizienz kann durch das Verhältnis aus dem Nutzen eines Produktes/Prozesses zur Entropieproduktion über den gesamten Produktlebensweg einschließlich Entsorgung/Verwertung dargestellt werden.

Eine maximale Nachhaltigkeit eines Produktes oder Prozesses bedeutet nun eine möglichst geringe Entropieproduktion über den gesamten Lebenszyklus bei gleichzeitig maximalem Nutzen (Bild 2.26).

Die Erzeugung nachwachsender Rohstoffe als Polymerrohstoffe über photosynthetische Prozesse ist ein Vorgang, der in der Tat zu einer Erhöhung des Ordnungszustandes und damit zu einer Reduzierung der Entropie auf der Erde führt. Die Pflanzen fangen fein verteiltes CO_2 wieder ein und fixieren es bzw. den Kohlenstoff und den Wasserstoff mithilfe der Sonnen-

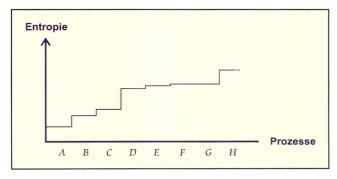

Bild 2.25 Anthropogene Umwandlungsprozesse führen zu einer kontinuierlichen und irreversiblen Entropieerhöhung

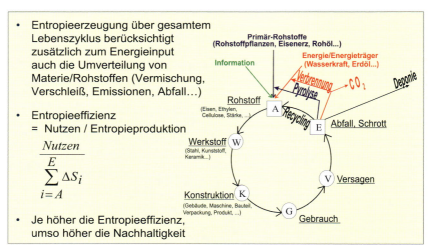

Bild 2.26 Entropieeffizienz über gesamten Produktlebenszyklus zur Beurteilung der Nachhaltigkeit

energie in Form von Biomasse. Auch wenn im Hinblick auf menschliche Maßstäbe von regenerativer Sonnenenergie gesprochen wird, so ist die Wärmeerzeugung in der Sonne kein reversibler Prozess. Auch hier handelt es sich aus wissenschaftlicher Sicht um einen irreversiblen Prozess, bei dem die Wärmeerzeugung auf der Sonne dort parallel auch zu einer Entropieerzeugung führt. Das bedeutet, dass diese Entropieerzeugung auf der Sonne u. a. durch die angesprochene Photosynthesereaktion zu einer CO_2-Bindung, d. h. einer Erhöhung des Ordnungszustandes bzw. Reduzierung der Entropie auf der Erde führt. Es kann grundsätzlich gesagt werden, dass wir uns bei der Nutzung der Sonne oder anderer regenerativer Energieformen Primärenergieträger oder Energien zunutze machen, ohne dass es bei deren Entstehung zu einer Entropieproduktion auf der Erde kommt.

Dagegen erfordert die Umwandlung des CO_2 zur Rückgewinnung des Kohlenstoffs mittels technischer Prozesse den Einsatz von Energie, deren Erzeugung an anderer Stelle mit einer Entropieproduktion einhergeht. Wird jetzt stattdessen zur technischen Umwandlung des CO_2 regenerative Energie eingesetzt, so entspricht dies genau der Photosynthesereaktion der Natur, bei der ebenfalls mittels regenerativer Sonnenenergie das CO_2 zu Biomasse, d. h. zu organischen Polymeren zurück verstoffwechselt wird. Zudem haben die technisch realisierbaren Prozesse zur Rückführung des Kohlenstoffs auch beim Einsatz regenerativer Energien einen sehr schlechten Wirkungsgrad.

Grundsätzlich sollte bei Umwandlungsprozessen die absolute Höhe der dafür erforderlichen Energie ausschlaggebend sein und von der Frage, ob die dafür eingesetzte Energie regenerativen Ursprungs war oder ist, völlig entkoppelt werden. Ein Umwandlungsprozess wird nicht durch den Einsatz von regenerativen Energien bzw. regenerativen Energieträgern automatisch besser, da diese Energie, wenn sie einmal vorhanden ist, genauso für jeden beliebigen anderen Prozess eingesetzt werden kann. Konkreter bedeutet dies aus Sicht des Autors, dass ein Biopolymer nicht dadurch nachhaltiger wird, wenn für dessen Polymerisierung regenerative Energie eingesetzt wird, da diese regenerative Energie ebenso zur Polymerisierung eines konventionellen Polyethylens eingesetzt werden kann. In diesem Falle wurde lediglich für den Polymerisationsprozess eines Polymers ein nachhaltigerer Energieträger eingesetzt.

Biopolymere verfügen sowohl auf der Rohstoffseite als auch auf der Entsorgungsseite über eine hohe Entropieeffizienz.

Rohstoffseite

- Keine Umverteilung/Vermischung petrochemischer Rohstoffe
- Durch Synthesevorleistung der Natur geringerer Energieeinsatz zur Rohstofferzeugung
- Zurückgewinnung des Kohlenstoffs
- Regenerative Prozesse zur Rohstoffsynthese, d. h. biobasierte Rohstoffe sind auch langfristig verfügbar

Entsorgungsseite

- Biopolymere können durch natürliche Prozesse entsorgt werden
- Kompostierung erfordert geringen zusätzlichen Energieaufwand
- Biopolymere als geeignetes Ko-Substrat in einer Biogasanlage zur Umwandlung in den Energieträger Methan
- Verbrennung erzeugt zusätzlichen energetischen Nutzen und ist CO_2-neutral

Dies gilt insbesondere, wenn es gelingt, mit Biopolymeren mindestens den gleichen oder sogar einen höheren Nutzen wie z. B. durch einem kompostierbaren Kompostsack oder durch eine zusätzliche CO_2-neutrale energetische Nutzung als Entsorgungsoption zu erzeugen. Durch den CO_2-neutralen Nutzen der biobasierten Werkstoffe und dem zusätzlichen energetischen Nutzen durch Verbrennung oder Biogaserzeugung entsteht ein Kaskadennutzen mit sehr geringen CO_2-Minderungskosten.

Auch bei der Verbrennung von Biopolymeren mit anschließender Verstromung oder allgemein bei der Biomasseverstromung kann die Entropieeffizienz noch deutlich erhöht werden, indem parallel zu den CO_2-neutralen Emissionen bei der Verbrennung die Wärmenutzung signifikant erhöht werden kann. Derzeit wird meist bei der Biomasseverstromung über Heizkraftwerke oder Biogasverstromung ohne Kraft-Wärme-Kopplung bei einem mittleren Gesamtwirkungsgrad von ca. 30 % nur ca. 1/3 der verbrannten Biomasse in einen direkten Nutzen überführt, bzw. ca. 2/3 des biomassebasierten CO_2 ohne technischen Nutzen erzeugt und zusätzlich treibhausschädliche Wärme freigesetzt.

Es ist zu einfach und oft auch falsch, bei Biopolymeren, die vollständig oder partiell auf nachwachsenden Rohstoffen basieren oder über eine biologische Abbaubarkeit verfügen, bereits automatisch von nachhaltigen Werkstoffen zu sprechen. Zur Bewertung der Nachhaltigkeit muss der irreversible Energie- und Stoffaufwand über den gesamten Lebensweg, d. h. sowohl zur Rohstofferzeugung (z. B. Dünger, Herbizide), zur Rohstoffgewinnung, -isolierung und -reinigung (z. B. Wasser und Energie zur Stärkegewinnung, Faseraufschluss), zum Transport, zur Polymerisation usw. mit berücksichtigt werden. Unter diesem Gesichtspunkt ist auch eine Kompostierung nicht zwangsläufig nachhaltig, wenn z. B. ein zu hoher Energieaufwand für das Sammeln, Sortieren und Transportieren der kompostierbaren Biopolymere geleistet werden muss.

Umgekehrt ist jedoch auch der Einsatz konventioneller petrochemischer Polymere nicht zwangsläufig nicht nachhaltig. Häufig steht über den ganzen Lebensweg betrachtet der vorteilhafte Nutzen weit über der Verwendung bzw. dem Einsatz der petrochemischen Rohstoffe/Kunststoffe oder dem entsorgungstechnischen Aufwand dieser Kunststoffe.

Dies soll im Folgenden kurz am Beispiel einer Verpackungen dargestellt werden:

Würde beispielsweise auf den Einsatz der bekannten Kunststoffe im Verpackungsbereich verzichtet, so würde deren Substitution gewichtsmäßig ein Mehrfaches an alternativen Verpackungswerkstoffen wie Glas oder Metall bedeuten. Gegenüber einem bei gleichem Nutzen meist deutlich schwereren Verpackungswerkstoffs, ist der Energieaufwand beim Transport oder während der Gebrauchsphase für Kunststoffverpackungen aufgrund ihrer niedrigeren Dichte häufig deutlich geringer.

Geht man bei der theoretischen Betrachtung noch einen Schritt weiter, so würde ein gänzlicher Verzicht auf Verpackungswerkstoffe und insbesondere Kunststoffverpackungen mit dem völligen Verlust der Haltbarkeit, Lagerbarkeit oder Transportfähigkeit und damit Verteilbarkeit von Lebensmitteln einhergehen und die Nahrungsmittel müssten statt dessen unmittelbar nach der Gewinnung bzw. Herstellung zum direkten Verzehr zum Endverbraucher transportiert werden. Dadurch würde zwar die mit dem Werkstoffeinsatz für die Verpackung einhergehende Entropieerzeugung zurückgehen, aber gleichzeitig wäre auch der Nutzen nicht mehr vorhanden. Durch den theoretisch damit verbundenen zusätzlichen Transportbedarf zum unmittelbaren Verzehr der Lebensmittel würde sogar zusätzlich Energie zur Verteilung der Lebensmittel benötigt. Somit würde die Entropieerzeugung bei dieser Alternative am Ende sogar zunehmen und der Nutzen sowie die Entropieeffizienz abnehmen.

2.7 Patentrechtliche Situation von Biopolymeren

Das zunehmende Interesse im Bereich der Biopolymere innerhalb der letzten Jahre spiegelt sich auch in den Patentanmeldungen in diesem Bereich wider. Parallel zu den prognostizierten zweistelligen Wachstumsraten stieg auch die Anzahl der Anmeldungen, Bild 2.28. So sind z. B. im Bereich der thermoplastischen Stärkepolymere inzwischen weltweit fast 1.000 Patente angemeldet.

Allein für Europa existieren deutlich mehr als 500 Patentschriften im Bereich der Biopolymere. In Amerika und dem Rest der Welt (insbesondere Asien) existiert jeweils etwa nochmals mindestens die doppelte Anzahl an Patentschriften, sodass weltweit von mehr 2.500 Patentschriften ausgegangen werden kann.

Die Entwicklung der Patentinhalte spiegelt dabei die inhaltliche Fokussierung der jeweiligen Forschungsaktivitäten wider. In Europa hat die intensivere Entwicklung der Biopolymere ihren Ursprung. Auf der anderen Seite gibt es in Europa jedoch im Vergleich zu den konventionellen Kunststoffherstellern relativ wenig Biopolymerhersteller und gleichzeitig aber viele Kunststoffverarbeiter. Diese Situation sowie das zunehmende Umweltbewusstsein in Europa und die Tatsache, dass Europa über wenige eigene Erdölreserven verfügt, sind die Ursachen für die vielen Produktentwicklungen in diesem Bereich. Eine genauere Auswertung der erteilten Patente zeigt z. B., dass in Europa die Schwerpunkte bei den Biopolymeren daher weniger direkt auf der Werkstoffentwicklung, sondern mehr auf der Verarbeitung und

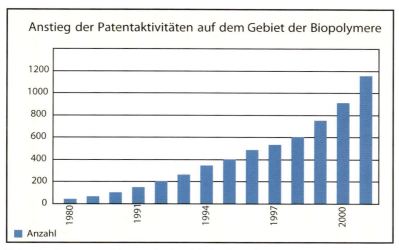

Bild 2.27 Weltweite Patentanmeldungen im Bereich der Biopolymere [42]

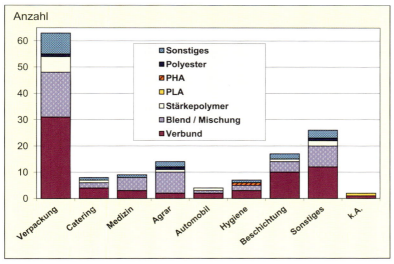

Bild 2.28 Repräsentative Darstellung der bevorzugten Anwendungen der wichtigsten Biopolymere innerhalb europäischer Patentschriften

Anwendung (z. B. im Verpackungsbereich) sowie auf der Herstellung von Verbunden und der Erzeugung von Biopolymer-Blends lagen.

Bei genauerer Betrachtung der in den Patenten jeweils bevorzugt angestrebten Anwendungen sowie der wichtigsten Eigenschaften zeigt sich für Europa und insbesondere Deutschland die Fokussierung auf die biologische Abbaubarkeit und Kompostierbarkeit der Produkte oder Biopolymerwerkstoffe. Die zuvor beschriebenen Biopolymere der zweiten Generation wurden in Europa bevorzugt für Anwendungen im Bereich kompostierbarer Verpackungen entwickelt, Bild 2.28. In den letzten 10 Jahren standen in Europa daher im Rahmen der Weiterentwicklung der Biopolymerwerkstoffe überwiegend deren Verarbeitbarkeit zu Packstoffen und Packmitteln, verpackungsspezifische Gebrauchseigenschaften sowie die Entsorgung durch biologische Abbauprozesse im Vordergrund, Bild 2.29.

Im Gegensatz dazu begann die Entwicklung der Biopolymere in Asien etwa 10 Jahre später. Gleichzeitig begann jedoch in Asien die Entwicklung von biobasierten technischen Polymeren der dritten Generation und deren Einsatz für technisch langlebige Anwendungen außerhalb des Verpackungsbereiches schon vor einigen Jahren, während in Europa erst jetzt der Einsatz der biobasierten aber beständigen und technisch einsetzbaren Biopolymere erst in den letzten ein bis zwei Jahren zunehmend in das Interesse der Forschungsarbeiten und Materialentwicklungen rückt.

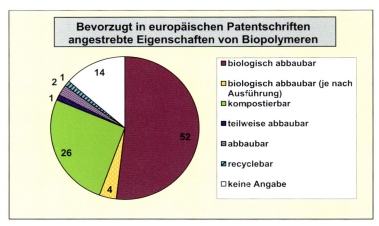

Bild 2.29 Repräsentative Darstellung der bevorzugt innerhalb europäischer Patentschriften angestrebten Eigenschaften der Biopolymere

3 Rechtliche Rahmenbedingungen für Biopolymere

In der Vergangenheit konzentrierten sich im Hinblick auf Biopolymere die gesetzlichen Regelungen bevorzugt auf Verpackungen, weil es sich dort zwangsläufig um Produkte mit relativ kurzer Gebrauchsphase handelt. Zudem sind allein die Verpackungen für die Abfallmengen verantwortlich gemacht worden, wenn auch nur teilweise zu Recht. Dabei hat sich das allgemein negative Image vom Abfall in der Öffentlichkeit und Politik auf die Verpackungen übertragen.

3.1 Deutsche Verpackungsverordnung

3.1.1 Anwendungen ohne Entsorgungserfordernis

Die Produkte, die in die Kategorie der Anwendungen ohne Entsorgungserfordernis fallen, sind per Definition keine Verpackungen und unterliegen damit nicht der Verpackungsverordnung. Bei diesen Anwendungen ohne Entsorgungserfordernis ist die biologische Abbaubarkeit eine zusätzliche funktionelle Eigenschaft des Produktes. Der Vorzug dieser Produkte liegt darin, dass sie nicht entsorgt werden müssen, was letztendlich auch wirtschaftliche Vorteile mit sich bringt. Zu nennen wäre hier z. B. chirurgisches Nahtmaterial, durch dessen Verwendung Folgeoperationen eingespart werden können, aber auch Agrarfolien und Blumentöpfe. Hier können Arbeitsgänge eingespart werden. Biologisch abbaubare Mulchfolien beispielsweise müssen nicht mehr vom Feld eingesammelt werden, sie können direkt auf dem Feld untergepflügt werden. Torf- und Erdesäcke sind zum Recyceln nach Gebrauch zu dreckig. Diese können entweder auf dem Komposthaufen entsorgt oder aber CO_2-neutral verbrannt werden. Ebenso kann bei bioabbaubaren Säcken der Bioabfall zusammen mit dem Sack in den Kompost oder die Wäsche mit dem Sack in die Maschine gegeben werden. Bioabbaubare Grablichterhüllen können mit dem Grabschmuck abgeräumt und kompostiert werden.

3.1.2 Anwendungen mit Entsorgungserfordernis

Die Verpackungsverordnung verpflichtet den Verpackungshersteller über den Handel und die Industrie bei Produkten bzw. Verpackungen, die der Verpackungsverordnung unterliegen, zur Rücknahme und stofflichen Verwertung von Transport-, Um- und Verkaufsverpackungen. Ziel ist die Abfallvermeidung, -verminderung und das Recycling der Verpackungsstoffe. Je nach Verpackungswerkstoff müssen vom Verpackungshersteller dabei die folgenden Quoten (Tabelle 3.1) einer stofflichen Wiederverwertung zugeführt werden.

Tabelle 3.1 Durch die deutsche Verpackungsordnung geforderte Verwertungsquoten

Material	Stoffliche Verwertung Endverbraucher [%]	Stoffliche Verwertung Gesamtabfall [%]
Glas	75	60
Weißblech	70	50
Aluminium	60	50
Papier, Pappe, Karton	70	60
Verbunde	60	–
Kunststoffe	36	22,5
Holz	–	15

Bei Verkaufsverpackungen können Handel und Industrie von ihrer Rücknahmepflicht freigestellt werden, wenn sie sich einem System zur Sortierung und Verwertung von gebrauchten Verkaufsverpackungen anschließen. Diese Aufgabe hat in Deutschland u. a. die „Gesellschaft Duales System Deutschland AG" (http://www.gruener-punkt.de) übernommen. Verbraucher erkennen dies an dem auf die entsprechenden Verpackungen gedruckten, „Grünen Punkt". Dieser ist kein Zeichen für ein besonders umweltfreundliches Produkt. Er besagt lediglich, dass so gekennzeichnete Einwegverpackungen von der Gesellschaft Duales System Deutschland AG zurückgenommen und den gesetzlich vorgeschriebenen Entsorgungsquoten zugeführt werden. Durch die Entrichtung entsprechender DSD-Gebühren an das Duale System Deutschland und den Kauf des „Grünen Punktes" kann der Verpackungshersteller die Verpflichtung der stofflichen Wiederverwertung an das Duale System übertragen.

Die genauen zugehörigen aktuellen DSD-Gebühren für die verschiedenen Verpackungswerkstoffe sind in Bild 1.14 und Tabelle 1.2 bereits dargestellt.

Dabei gilt eine sogenannte 95/5-Regel, die besagt, dass sobald eine Verpackung zu mehr als 95 Gew.-% aus einem bestimmten Werkstoff besteht, die gesamte Verpackung dieser Werkstoffgruppe zugeordnet werden muss. Wenn diese Regel nicht greift, erfolgt eine Berechnung der DSD-Gebühren gemäß der jeweiligen Gewichtsanteile der beteiligten Werkstoffe, wenn die Einzelkomponenten, wie z. B. Umverpackung und Tray, trennbar sind. Für den Fall, dass eine einfache Trennung der aus verschiedenen Werkstoffen bestehenden Verpackungskomponenten nicht möglich ist, ist die Verpackung der Gruppe der Verbunde zuzuordnen.

Ein Beispiel aus der Milchwirtschaft verdeutlicht nochmals die für die Industrie nicht unwesentliche Bedeutung dieser DSD-Gebühren. Deutsche Molkereien bezahlten nach Angaben des Bundesministeriums für Ernährung, Landwirtschaft und Forsten pro Jahr ungefähr 350 Mio. Euro für die Verwertung von etwa 250.000 t Verpackungen. Dabei ist aber bekannt, dass der Großteil der Molkereiverpackungen wie z. B. Joghurtbecher nur sehr aufwendig stofflich zu verwerten ist, weil sich insbesondere anhaftende Lebensmittelrückstände störend auf stoffliche Kunststoffrecyclingverfahren auswirken; die Vielzahl der Verpackungen und ihre geringe Größe erhöhen darüber hinaus den Sortieraufwand. Bei biologischen Abfallbehandlungssystemen, wie z. B. der Kompostierung, stören anhaftende Lebensmittelrückstände dagegen nicht.

Vor der Novellierung der Verpackungsverordnung im Mai 2005 gehörten Verpackungen aus biologisch abbaubaren oder kompostierbaren Biopolymeren auch der Gruppe der konventionellen Kunststoffverpackungen an und unterlagen damit den DSD-Gebühren für normale Kunststoffe in Höhe von derzeit nahezu 1,30 € zzgl. MwSt. (vgl. Bild 1.14 und Tabelle 1.2).

3.1.3 Novellierung der deutschen Verpackungsverordnung

Mit der fünften Novellierung der Verpackungsverordnung am 24. Mai 2005 sind die als kompostierbar zertifizierten Biopolymere und daraus hergestellte zertifizierte Produkte zunächst bis 2012 von der Verpackungsverordnung ausgenommen. Das heißt, dass damit Biopolymerverpackungen bis zu diesem Jahr von den geforderten Recyclingquoten und den DSD-Gebühren befreit sind. Im Folgenden sind die dazu wesentlichen Textpassagen aus der Verpackungsverordnung zitiert:

„Aufgrund des § 6 Abs. 1 und des § 24 Abs. 1 Nr. 2, jeweils in Verbindung mit § 59 des Kreislaufwirtschafts- und Abfallgesetzes (KrW-/AbfG) vom 27. September 1994 (BGBl. I S. 2.705), verordnet die Bundesregierung nach Anhörung der beteiligten Kreise unter Wahrung der Rechte des Bundestages:

Die Verpackungsverordnung (VerpackV) vom 21. August 1998 (GBGl I S. 2.379), zuletzt geändert durch die Verordnung vom 15. Mai 2002 (BGBl I S. 1.572), wird wie folgt geändert.

7. § 16 Abs. 2 wird wie folgt gefasst:

„(2) §6 (Rücknahmepflichten für Verkaufsverpackungen) findet für Kunststoffverpackungen, die aus biologisch abbaubaren Werkstoffen hergestellt sind und deren sämtliche Bestandteile gemäß einer herstellerunabhängigen Zertifizierung nach anerkannten Prüfnormen kompostierbar sind, bis zum 31. Dezember 2012 keine Anwendung. Die Hersteller und Vertreiber haben sicherzustellen, dass ein möglichst hoher Anteil der Verpackungen einer Verwertung zugeführt wird." [3].

(Die komplette, novellierte, aktuelle Verpackungsverordnung kann dem Anhang entnommen werden.)

Bild 3.1 stellt im Hinblick auf die Zuordnung und Entsorgung der verschiedenen Verpackungen mit Entsorgungserfordernis (Verkaufs-, Transport- und Umverpackungen) in- und außerhalb des Lebensmittelbereiches zunächst die wesentlichen Aspekte der aktuell für Verpackungsabfälle novellierten Verpackungsverordnung dar.

Nach der Novellierung der Verpackungsverordnung gibt es bei allen Verpackungen, die aus als kompostierbar zertifizierten Biopolymeren hergestellte sind, Sonderregelungen.

Im Rahmen der Verpackungsverordnung wird außerdem grundsätzlich zwischen Einweggetränkeverpackungen mit einem Volumen zwischen 0,1 und 3 l sowie allen sonstigen Verpackungen unterschieden. Da bei allen, für die Verpackungsverordnung maßgeblichen Produkten, die Menge der sonstigen Verpackungen überwiegt, handelt es sich bei den Regelungen bezüglich der Einweggetränkeflaschen ebenfalls um Sonderregelungen.

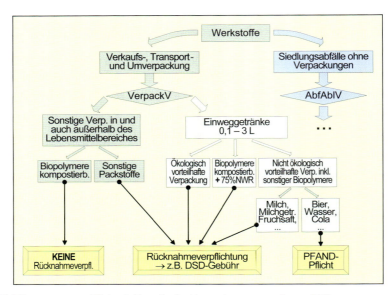

Bild 3.1 Abfallgruppen gemäß der 5. Novelle der Verpackungsverordnung [36]

Im Falle der sonstigen Verpackungen unterliegen die aus Biopolymeren hergestellten und zertifizierten Verpackungen gemäß der Novellierung der Verpackungsverordnung bis 2012 keiner Rücknahmepflicht und sind somit von den DSD-Gebühren befreit.

Bei den Einweggetränkeverpackungen gestaltet sich das Ganze etwas komplexer. Hier gibt es verschiedene Sonderregelungen. Zunächst wurden im Rahmen der Verpackungsverordnung bei den Einweggetränken in ökologisch vorteilhaften und nicht vorteilhafte Verpackungen unterschieden.

Die *ökologisch vorteilhaften Einweggetränkeverpackungen* (Kartonverpackungen, Folien-Standbodenbeutel, Polyethylen-Schlauchbeutel) unterliegen, wie die sonstigen Verpackungen, „nur" der Rücknahmepflicht, mit den entsprechend geforderten Verwertungsquoten (Tabelle 3.1). Die zugehörigen Gebühren, die mit der Rücknahmepflicht einhergehen, richten sich wieder nach dem jeweiligen Packstoff.

Bei den als *nicht ökologisch vorteilhaft eingestuften Verpackungen* wird je nach Füllgut weiter differenziert. Bestimmte Getränke, die nicht in ökologisch vorteilhaften Verpackungen abgefüllt sind, unterliegen ebenfalls „nur" der Rücknahmepflicht. Zu diesen Getränken gehören z. B.:

- Milch- oder Milcherzeugnisse (Anteil > 50 %)
- Trinkjoghurt
- Fruchtsäfte- und Gemüsesäfte
- Wein und Spirituosen

Auch bei den Einweggetränken gibt es für die als kompostierbar zertifizierten Biopolymere bei einem Anteil an nachwachsenden Rohstoffen von mindestens 75 % ebenfalls eine Sonderregelung. Ist dieser Anteil an nachwachsenden Rohstoffen gegeben, werden die Einweggetränkeverpackungen behandelt wie vorteilhafte Einweggetränkeverpackungen und unterliegen somit nur der Rücknahmepflicht. Der Nachweis, ob das Biopolymer tatsächlich aus 75 % nachwachsenden Rohstoffen besteht, soll in Zukunft (bis spätestens 2012, 5. Novelle der Verpackungsverordnung, nichtamtlicher Auszug) mit der Radiokohlenstoffdatierung (C_{14}-Methode) nachgewiesen werden. Siehe dazu auch Abschnitt 3.3.6.

Alle anderen Einweggetränke in nicht ökologisch vorteilhaften Verpackungen mit einem Volumen zwischen 0,1 und 3 Litern unterliegen hingegen einer Pfandpflicht in Höhe von pauschal 0,25 Euro je Verpackungseinheit (Stichwort Dosenpfand). Für folgende Getränke besteht diese Pfandpflicht:

- Kohlensäurehaltige Erfrischungsgetränke (Mineralwasser, Cola, Limonade, etc.)
- Kohlensäurefreie Mischgetränke und alkoholische Mischgetränke (insbesondere sogenannte Alkopops)
- Bier inkl. alkoholfreiem Bier

Gleiches gilt auch für Einweggetränkeflaschen aus Biopolymeren, wenn der Anteil an nachwachsenden Rohstoffen unter 75 Gew.-% beträgt, d. h. unabhängig von einer möglichen zertifizierten Kompostierbarkeit würden Einweggetränkeflaschen pauschal mit 25 Cent Pfand belastet, wenn der Anteil an nachwachsenden Rohstoffen kleiner als 75 Gew.-% ist [36].

3.2 Übergeordnete Standards zur Prüfung der Kompostierbarkeit

Im Hinblick auf diese gesetzlichen Rahmenbedingungen zur Regelung der Entsorgung und insbesondere auch zur verbindlichen Charakterisierung der Entsorgungseigenschaften ist die Anpassung bestehender Normen und/oder die Entwicklung neue Regelungen/Normen an die neue Werkstoffgruppe der Biopolymere erforderlich.

Zur Bestimmung der Kompostierbarkeit von biologisch abbaubaren Werkstoffen bzw. daraus hergestellten Produkten (z. B. Verpackungen) gibt es daher eine Vielzahl nationaler, europäischer und internationaler Normen.

Grundsätzlich werden zunächst die verschiedenen für Biopolymere relevanten Normen zur besseren Übersicht in folgende zwei Gruppen unterteilt (vgl. Bild 3.2):

a) Übergeordnete Normen für die Produktanforderungen und zur allgemeinen Beschreibung der Prüfungsabläufe
b) Prüfnormen zur konkreten Beschreibung der Durchführung der verschiedenen Untersuchungen, einschließlich spezifischer Standards speziell für Verpackungen

	DIN EN 13432	ASTM D 6400 / ASTM D 6868	Green PLA	ISO 17088	DIN EN 14995	AS 4736
Definiert Verpackungen	DIN EN 13193 DIN EN 13427	ASTM D 883		ISO 472		
	DIN EN ISO 14851 DIN EN ISO 14852 DIN EN ISO 14855 DIN EN ISO 10634 OECD 208	ASTM D 5338 ASTM D 6002 DIN EN ISO 14855 OECD 207 OECD 208	JISK / DIN EN ISO 14851 JISK / DIN EN ISO 14852 JISK / DIN EN ISO 14853 JISK / DIN EN ISO 14855 JISK / DIN EN ISO 16929 JISK / DIN EN ISO 17556 JISK / DIN EN ISO 20200 JISK / ASTM D 5338 JISK / ASTM D 6002 JISK / ASTM D 6400 OECD 208	DIN EN ISO 13432 DIN EN ISO 14855 DIN EN ISO 16929 DIN EN ISO 20200 ASTM D 5338 ASTM D 6400 OECD 208	DIN EN ISO 10634 DIN EN ISO 14851 DIN EN ISO 14852 DIN EN ISO 14855 DIN EN ISO 16929 OECD 208	DIN EN ISO 10634 DIN EN ISO 14851 DIN EN ISO 14852 DIN EN ISO 14853 DIN EN ISO 14855 DIN EN ISO 16929 ASTM D 4454 OECD 207

Bild 3.2 Übersicht aller relevanten Normen

a) Übergeordnete Normen für die Produktanforderungen

Bei den übergeordneten Normen, die ein Rahmenverfahren bieten, das Anforderungen hinsichtlich der Kompostierbarkeit von Kunststoffen (Materialien und Produkte) festlegt, sind folgende Standards zu nennen:

- DIN V 54900 (siehe Abschnitt 3.2.1)
- DIN EN 13432 (siehe Abschnitt 3.2.2)
- DIN EN 14995 (siehe Abschnitt 3.2.3)
- ASTM D6400 (siehe Abschnitt 3.2.5)
- ASTM D6868 (siehe Abschnitt 3.2.6)
- ISO 17088 (siehe Abschnitt 3.2.4)
- AS 4736 (siehe Abschnitt 3.2.7)

An dieser Stelle sei angemerkt, dass die deutsche Norm DIN V 54900, welche die erste ihrer Art war, durch die europäische Norm EN 13432 ersetzt wurde. Sie ist im Folgenden (Abschnitt 3.2.1) dennoch angeführt, da einige Werkstoffe noch nach der deutschen Norm zertifiziert sind. Des Weiteren stellt sie teilweise die Basis für die anderen Normen in diesem Bereich dar.

Neben den „bekannten" Normen DIN EN 13432 und ASTM D6400, nach denen u. a. auch DIN CERTCO (Zertifizierungsgesellschaft der TÜV Rheinland Gruppe und des Deutschen Instituts für Normung e. V. (DIN)) die Kompostierbarkeit von Kunststoffen zertifiziert, haben sich parallel noch weitere Normen (DIN EN 14995, ISO 17088, ASTM D 6868 und AS 4736) entwickelt, die zur Zertifizierung herangezogen werden können.

3.2.1 DIN V 54900

Die deutsche Norm DIN V 54900-(1-5), zur Prüfung der Kompostierbarkeit von Kunststoffen, wurde vollständig durch die Europäische Norm DIN EN 13432 ersetzt. Dennoch stellt sie eine wichtige Grundlage für die anderen, teilweise in diesem Bereich direkt darauf aufbauenden Normen dar und soll daher hier aufgrund ihres repräsentativen Charakters ausführlicher erläutert werden.

Die DIN V 54900 besteht aus fünf Teilen. Sie beschreibt sehr ausführlich und übersichtlich die einzelnen Prüfungen/Verfahren und Bewertungskriterien (Bild 3.3).

Der erste Teil, *DIN V 54900-1* beschreibt die erforderlichen Angaben zur chemischen Zusammensetzung eines Werkstoffs. Hierfür ist es erforderlich, dass der Hersteller die Zusammensetzung des Werkstoffs offenlegt. Zur genauen Identifizierung dieses Werkstoffs wird ein IR-Spektrum erstellt und hinterlegt.

DIN V 54900-2 beschreibt die Prüfung auf vollständige biologische Abbaubarkeit in Laborversuchen unter klar definierten, reproduzierbaren Bedingungen. Hierfür stehen zwei Varianten zur Verfügung, eine in wässrigem Milieu und eine im Kompost. Gemessen wird dabei die Verstoffwechselung des Biopolymers, d. h. zum Beispiel die entstehende CO_2-Menge oder der dabei verbrauchte Sauerstoff. Um als kompostierbar zu gelten, muss mindestens eine Variante die vollständige biologische Abbaubarkeit des Werkstoffs anzeigen. Dazu müssen mindestens 80 % des theoretischen Wertes eines vollständigen Endabbaus, d. h. einer vollständigen Verstoffwechselung erreicht werden.

Zur genaueren Beurteilung des Abbauverhaltens der erzeugten Werkstoffe werden im Rahmen dieses Teilschritts z. B. Screeningtests mittels eines aerob betriebenen, aquatischen Respirometer-Testsystems durchgeführt. Zur Messung der zur Oxidation der abbaubaren Substanzen verbrauchten Sauerstoffmenge wird ein Laborsystem verwendet, das nach einem manostatischen Prinzip arbeitet, d. h. es wird bei konstanter Temperatur die Sauerstoffmenge

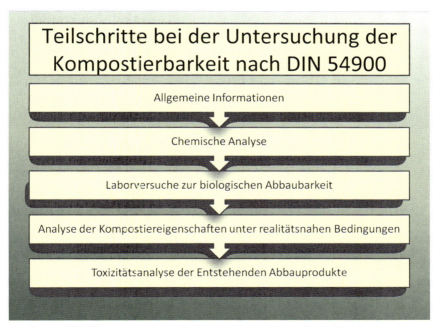

Bild 3.3 Teilschritte bei der Untersuchung der Kompostierbarkeit nach DIN 54900

in BSB-Einheiten gemessen, die produziert werden musste, um bei gleichbleibendem Volumen den Druck im geschlossenen System konstant zu halten. Unter dem BSB_m-Wert (unter dem Begriff „Biochemischer Sauerstoffbedarf" versteht man allgemein die Sauerstoffmenge in Milligramm, die von den in einem Liter Probewasser enthaltenen biochemisch oxidierbaren Inhaltsstoffen in m Tagen verbraucht wird). Um bei der Untersuchung die spezifische Oberfläche der zu untersuchenden Werkstoffe annähernd konstant zu halten, werden die Werkstoffe meist zu einem Pulver mit annähernd spezifizierter Oberfläche zermahlen und aus dem Pulver eine Fraktion mit einer bestimmten Korngröße ausgesiebt, wovon anschließend jeweils eine bestimmte Menge in ein definiertes, in Anlehnung an DIN 53739 z. B. Kaliumphosphat-gepuffertes, Medium (PH-Wert > 7) mit folgender Zusammensetzung (bezogen auf 1 Liter) gegeben wird:

KH_2PO_4	0,7 g
K_2PO_4	0,7 g
$MgSO_4 \cdot 7H_2O$	0,7 g
NH_4NO_3	1,0 g
NaCl	5,0 mg
$FeSO_4 \cdot 7H_2O$	2,0 mg
$ZnSO_2 \cdot 7H_2O$	2,0 mg
$MnSO_4 \cdot 7H_2O$	1,0 mg

Zur mikrobiellen Beimpfung der Testsubstanz (Medium + pulverförmiger Werkstoff) kann ein Inokulum aus herkömmlichen Frischkompost, der eine breite Mischbiozönose verschiedenster kompostspezifischer Mikroorganismen repräsentiert, hergestellt werden.

In einem Reaktionsgefäß werden die auf diese Art und Weise beimpften Proben durch einen Magnetstab über die gesamte Untersuchungsdauer intensiv durchmischt, sodass sie stets Sauerstoff bis zu ihrer Sättigung aufnehmen können. Bei der Substratoxidation wird Sauerstoff verbraucht und Kohlendioxid gebildet. Das bei der Veratmung entstehende CO_2 wird von Natronlauge als Absorber gebunden. Durch diesen Vorgang entsteht im Reaktionsgefäß ein Unterdruck, der im Präzisionsmanometer zu einem Ansteigen der Elektrolytlösung (0,5%ige H_2SO_4) führt. Durch die Druckänderungen schließt sich der Kontakt zwischen den beiden Elektroden, die damit als Kontaktgeber für die Steuer- und Regeleinheit zur elektrolytischen Sauerstofferzeugung dienen. Durch den produzierten Sauerstoff steigt der Druck im System wieder an, d. h. der Kontakt wird wieder geöffnet.

In einem zweiten Gefäß wird Kupfersulfat und Schwefelsäure als Elektrolyt verwendet, dadurch kann sich außer Sauerstoff kein weiteres Gas bilden. Der Elektrolysestrom wird dabei lang konstant gehalten, bis genügend Sauerstoff produziert wird, um den Druck wieder auszugleichen. Über die gesamte Versuchsdauer wird dann regelmäßig abgefragt, ob Strom fließt, die Einheiten aufsummiert und in die entsprechende Sauerstoffmenge umgerechnet. Die Aufsummierung dieser Einheiten diente dann als Messgröße für den Sauerstoffverbrauch.

Durch den Vergleich des gemessenen Sauerstoffbedarfs ΔO_2 mit der theoretischen, d. h. der für die vollständige Oxidation der Testverbindung zu Versuchsbeginn notwendigen chemi-

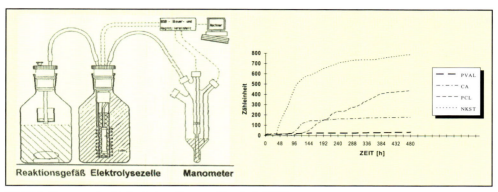

Bild 3.4 Messung des biologischen Sauerstoffbedarfs (BSB)

schen Sauerstoffmenge (CSB), kann der sogenannte Abbaugrad (AG) durch folgende Beziehung bestimmt werden:

$$AG = \frac{\Delta O_2}{CSB}$$

Der CSB ist die Sauerstoffmenge, die erforderlich wäre, um den gesamten Kohlenstoff des untersuchten und eingewogenen Werkstoffs vollständig in CO_2 zu verwandeln.

Der dritte Teil der Norm, *DIN V 54900-3*, beschreibt im Gegensatz zu den Laboruntersuchungen die Prüfung unter praxisnahen Bedingungen. Hier wird die maximale Materialdicke des Werkstoffes bestimmt, die innerhalb einer praxisüblichen Rottedauer abgebaut werden kann. Als Messgröße dient hier u. a. der nach einer gewissen Zeit wieder findbare Materialanteil (Siebverfahren).

Abschließend werden Qualitätsprüfungen, d. h. Verwertungseigenschaften (*DIN V 54900-4*) und Ökotoxizität (*DIN V 54900-5*) der Komposte durchgeführt.

3.2.2 DIN EN 13432

In der europäischen Norm DIN EN 13432 sind die Anforderungen speziell an die Verwertung von Verpackungen durch Kompostierung und biologischen Abbau beschrieben. Die Norm beinhaltet Prüfschemata und Bewertungskriterien für die Einstufung der Verpackungen.

Diese europäische Norm, *speziell für Verpackungen* konzipiert (siehe dazu Abschnitt 3.3.1; EN 13193, EN 13427), legt Anforderungen und Verfahren fest, um die Kompostierbarkeit und die anaerobe Behandelbarkeit von Verpackungen und Packstoffen zu ermitteln.

Die DIN EN 13432 hat die Deutsche Norm DIN 54900 komplett ersetzt, dennoch stützt sie sich inhaltlich im Wesentlichen auf die deutsche Norm. Anders als in der deutschen Norm werden jedoch hier nur Rahmenverfahren bereitgestellt, d. h. es wird nicht mehr im Detail auf die einzelnen Untersuchungen eingegangen. Die Untersuchungsschritte bzw. Anforderungen sind im Wesentlichen aber identisch.

Die DIN EN 13432 gliedert sich ähnlich wie die DIN V 54900 dabei in vier Teile:

- Charakterisierung der Materialzusammensetzung
- Biologische Abbaubarkeit
- Desintegration während der biologischen Behandlung (nach der Kompostierung dürfen keine Polymerbestandteile mehr sichtbar sein)
- Auswirkung auf die Qualität des entstandenen Komposts

3.2.3 DIN EN 14995

Die europäische Norm DIN EN 14995 (2006) (Bewertung der Kompostierbarkeit – Prüfschema und Spezifikationen) bietet ebenfalls ein Rahmenverfahren, das zum Unterstützen von Ansprüchen hinsichtlich der Kompostierbarkeit von Kunststoffen angewendet werden kann. Sie konzentriert sich jedoch nicht wie die DIN EN 13432 ausschließlich auf Verpackungen sondern legt *Anforderungen an allgemeine Kunststoffmaterialien* fest, die als organisch verwertbar betrachtet werden.

Abgesehen von diesem Kriterium sind die beiden Normen inhaltlich, hinsichtlich der chemischen Charakterisierung, biologischer Abbaubarkeit, Desintegration und Ökotoxizität, identisch (siehe hierzu Abschnitt 3.2.8).

3.2.4 ISO 17088

Die ISO 17088 (2008) trägt den Titel „Festlegung für kompostierbare Kunststoffe". Der ISO-Standard beschreibt das gleiche Prüfschema wie die DIN EN 13432 oder die ASTM D6400. Allerdings bezieht sich die ISO 17088 nicht ausschließlich auf Kunststoffverpackungen, sondern auch auf Kunststoffe im Allgemeinen. Die DIN EN 14995 hingegen befasst sich ausschließlich mit allgemeinen Kunststoffmaterialien und nicht mit Kunststoffverpackungen.

3.2.5 ASTM D6400

Die amerikanische Norm ASTM D6400 beinhaltet die Standardspezifikationen für kompostierbare Kunststoffe und daraus hergestellte Produkte. Die ASTM D6400 gibt wie alle Normen den Geltungsbereich an, definiert die Begriffe und stellt darüber hinaus die jeweiligen Anforderungen fest (hier an das kompostierbare Material bzw. Produkt). Im Unterpunkt 6 *Anforderungen (Detailed Requirements)* wird, wie in der DIN EN 13432, neben der chemischen Prüfung der Nachweis der prinzipiellen Bioabbaubarkeit beschrieben, gefolgt von der Prüfung der vollständigen Desintegration. Die ASTM D6400 macht dazu allerdings wenig detaillierte inhaltliche Angaben, sondern verweist immer wieder auf die ASTM D6002 (siehe Abschnitt 3.3.1.1) hinsichtlich der Durchführung.

3.2.6 ASTM D6868

Diese Spezifikation ASTM D6868 deckt biologisch abbaubare Kunststoffe und Produkte (einschließlich Verpackungen) ab, bei denen Kunststofffolien (fest) mit Trägermaterialien verbunden sind (entweder durch Laminierung oder durch eine Extrusionsbeschichtung direkt auf das Papier) und das gesamte Produkt bzw. die Folie zur Kompostierung in öffentlichen oder industriellen Kompostierungsanlagen vorgesehen ist.

3.2.7 AS 4736

Bei dieser Norm (AS 4736) handelt es sich um eine australische Norm, die sich ebenfalls mit biologisch abbaubaren Kunststoffverpackungen befasst. Dieser australische Standard legt auch in übergeordneter Form die Anforderungen und Verfahren zur Bestimmung der Kompostierbarkeit fest. ("Biodegradable plastics – biodegradable plastics suitable for composting and other microbial treatment, 2006") und verweist u. a. ebenso wie die DIN EN 13432 auf die gleichen Unternormen zur weiteren Prüfung.

Tabelle 3.2 Zulässige Grenzwerte aus den verschiedenen Standards

Normen \ Schwermetalle	As	Pb	Cd	Hg	Cr	Cu	Ni	Zn	Mo	Se	F
	Grenzwerte (mg/kg) bezogen auf die Trockensubstanz										
DIN EN 13432 DIN EN 14995	5	50	0,5	0,5	50	50	25	150	1	0,75	100
ASTM D6400 USA/ Kanada	20,5 19	150 125	17 5	8,5 1	– 265	750 189	210 45	1400 463	– 5	50 4	– –
GreenPla	3,5	50	0,5	0,5	50	37,5	25	150	1	0,75	100

Anmerkung 1: In Kanada ist noch ein Grenzwert für Co angegeben: 38 mg/kg.

Anmerkung 2: „Es wird angenommen, dass nach der biologischen Behandlung noch 50 % des Originalgewichtes der Verpackung oder des Packstoffs und die gesamten gefährlichen Stoffe im Kompost vorhanden sind. Die Grenzwerte stützen sich auf Bestimmungen der Europäischen Kommission für die ökologische Kennzeichnung von Bodenverbesserungsmaterialien (Europäische Kommission, Amtsblatt, 219, 7.8.98, Seite 39) und stellen 50 % der Maximalwerte dieser Regelung dar." [DIN EN 13432]. Gleiches gilt für die ASTM D6400 (40CFR 503.13, Tabelle 3) [ISO 17088]; Für GreenPla sind 10 % angegeben (Fertilizer Control Law) [ISO 17088].

3.2.8 Vergleich der übergeordneten Normen/Standards

Wie bereits zu Beginn des Abschnitts 3.2 erwähnt, sind sich diese Normen in den Grundzügen ähnlich, unterscheiden sich aber in verschiedenen Details.

1. Chemische Analyse

Der Vergleich der DIN EN 13432 und der DIN EN 14995 mit der ASTM D6400 zeigt, dass die amerikanische Norm höhere Werte für Schadstoffe im Werkstoff zulässt, als die europäischen Standards. Allerdings ist dazu zu sagen, dass der ermittelte gesetzliche Grenzwert für den Boden, der z. B. nach US amerikanischen Recht in den „Codes of Federal Regulation" festgelegt wurde, in der ASTM D6400 bereits sogar um 50 % verschärft worden ist, sodass die Schadstoffwerte im Vergleich zur Europäischen Norm relativ betrachtet werden müssen [133]. Laut Aussage von DIN CERTCO ist jedoch der im Vergleich zur europäischen Norm höhere zugelassene Wert für Schadstoffe der ASTM irrelevant, da die Biopolymere diese Werte in der Vergangenheit nie erreicht haben. Im Rahmen der japanischen Prüfung (GreenPla) sind die Grenzwerte fast identisch mit den Werten der europäischen Norm.

2. Biologische Abbaubarkeit (Laborversuche)

Zur Untersuchung auf biologische Abbaubarkeit kommen jeweils verschiedene Normen (normative Verweisungen), die die Prüfungsverfahren vorgeben, zum Tragen:

- DIN EN 13432: ISO 14851, ISO 14852, ISO 14853 (optional), ISO 14855, ISO 11734 (optional)
- ASTM D6400: ASTMD6002, ASTM D5338
- GreenPla: JIS K6950/ISO 14851, JIS K6951/ISO 14852, JIS K6953/ISO 14855
- ISO 17088: ISO 14855, ASTM D5338
- DIN EN 14995: ISO 14851, ISO 14852, ISO 14853, ISO 14855

Vergleicht man die „Haupt"-Normen inhaltlich, ist festzustellen, dass die Normen bzgl. der biologischen Abbaubarkeit sehr ähnlich sind.

Die DIN EN 13432, DIN EN 14995 und auch die ISO 17088 geben vor, dass beim aeroben Abbau ein Abbaugrad von 90 % innerhalb von sechs Monaten (max. 180 Tage, ISO 17088), im Vergleich zu einer Referenzsubstanz (mikrokristallines Cellulosepulver, z. B. Avicel) erreicht werden muss. In der DIN EN 13432 und der EN 14995 ist ebenfalls die anaerobe Abbauprüfung (falls erforderlich) beschrieben, die besagt, dass die Prüfdauer eine maximale Dauer von zwei Monaten nicht überschreiten darf. Der prozentuale Abbaugrad (Biogasproduktion) muss mindestens 50 % des theoretischen Wertes des Prüfmaterials betragen. Zu der anaeroben Abbauprüfung gibt es in beiden Normen noch folgende Anmerkung:

„*Der niedrige Prozentsatz der anaeroben biologischen Abbaubarkeit ist gerechtfertigt, weil bei allen üblichen anaeroben Behandlungsverfahren eine aerobe Stabilisierungsphase angeschlossen ist. In dieser Phase kann der Abbau fortgesetzt werden* [DIN EN 13432]". Die Anmerkung in der DIN EN 14995 ist inhaltlich identisch.

Die amerikanische Norm besagt, dass für Homopolymere oder Random-Polymere ein Abbaugrad von 60 % und für Polymermischungen (Blockpolymere, Blends, …) ein Abbaugrad von 90 % im Vergleich zu einer Referenzprobe (Cellulose) erreicht werden muss. Werden radioaktiv markierte Prüfmaterialien verwendet, ist eine Prüfdauer von 365 Tagen gegeben. Ist dies nicht der Fall, darf eine Prüfdauer von 180 Tagen nicht überschritten werden [ASTM D6400].

Das JBPA-Zertifizierungsprogramm gibt einen Abbaugrad von 60 % innerhalb von sechs Monaten vor. Des Weiteren besagt das Programm, dass organische Additive laut OECD 301C Richtlinie innerhalb von 28 Tagen einen Abbaugrad von 60 % erreicht haben müssen.

In allen Normen ist verankert, dass alle Werkstoff- oder Produktkomponenten mit einer Konzentration von über 1 % auf biologische Abbaubarkeit geprüft werden müssen. In der DIN EN 13432, DIN EN 14995, ISO 17088 sowie in dem JBPA-Zertifizierungsprogramm ist ebenfalls noch der Zusatz zu finden, dass die Gesamtsumme der organischen Verbindungen, für die der biologische Abbau nicht bestimmt werden muss, 5 Gew.-% (bezogen auf das Produktgewicht) nicht überschreiten darf.

3. Analyse Kompostierungseigenschaften/Desintegration

Bei der Prüfung auf Kompostierbarkeit besagen die europäischen Normen (DIN EN 13432 und DIN EN 14995), dass die Prüfung in einer kontrollierten Technikumanlage (mit einer realen Kompostierungsanlage als gleichwertig angesehen) erfolgt, gibt aber, wie auch die ASTM D6400 und die ISO 17088, kein spezielles Verfahren vor. Die maximale Prüfdauer für die aerobe Kompostierung ist in den DIN EN Normen mit zwölf Wochen festgelegt. Die ASTM D6400 mit einem Verweis zur ASTM D6002 gibt dagegen 45 Tage oder fünf Wochen vor, mit der Option auf Verlängerung (ohne Angabe). In der ISO 17088 ist ebenfalls eine Dauer von 45 Tagen angeben, mit der Option auf Verlängerung bis zu sechs Monaten.

In allen vier Normen ist vorgegeben, dass nach einer vorgegebenen Zeit in einer > 2 mm Siebfraktion maximal 10 % des ursprünglichen Trockengewichtes des Prüfmaterials gefunden werden darf [DIN EN 13432, ASTM D 6400, ISO 17088].

Darüber hinaus machen die DIN EN 13432 und die DIN EN 14995 ebenfalls Angaben zur anaeroben Behandlung. Falls die Prüfung erforderlich ist, beläuft sich die maximale Prüfdauer auf fünf Wochen und besteht aus einer Kombination aus anaerober Behandlung und aerober Stabilisierung. Hierbei ist ebenfalls festgelegt, dass nach der vorgegebenen Zeit in einer > 2 mm Siebfraktion maximal 10 % des ursprünglichen Trockengewichtes des Prüfmaterials gefunden werden darf [DIN EN 13432; EN 14995].

Das JBPA-Zertifizierungsprogramm [Quelle: Japan Environment Association] besagt, dass das zertifizierte Produkt die Kompostierung nicht stören darf. Zur Untersuchung auf Kompostierbarkeit wird von der JBPA auf folgende Normen verwiesen: ISO 16929, ISO 20200, ASTM D 6002, etc. (siehe Abschnitt 3.3).

4. Toxizitätsanalyse/Ökotoxikologie

Zur Prüfung der Qualität der Komposte wird innerhalb aller Normen auf weitere flankierende Prüfungsverfahren verwiesen. Die Prüfung der Kompostqualität erfolgt sowohl bei den europäischen (DIN EN 13432, DIN EN 14995), der amerikanischen und der ISO-Norm als auch beim JBPA-Zertifizierungsprogramm nach den OECD-Richtlinien zur Prüfung von Chemikalien 208 „Terrestrische Pflanzen-Wachstumstest". Der einzige Unterschied ist hier, dass laut DIN EN 13432 mindestens zwei Pflanzenarten aus zwei unterschiedlichen der insgesamt drei Kategorien der OECD-Richtlinien 208 getestet werden müssen und nach der

ASTM D 6400 (Verweis auf die ASTM D6002) und dem JBPA-Zertifizierungsprogramm drei Pflanzenarten neben Kresse (OECD-Richtlinie 208). Die amerikanische Norm schreibt an dieser Stelle auch noch den Regenwurmtest vor (OECD-Richtlinie 207). Die ISO 17088 verweist an der Stelle auf die DIN EN 13432.

Die DIN EN 13432 gibt vor, dass die Keimungsrate und die pflanzliche Biomasse beider Pflanzenarten, die auf dem Kompost mit Prüfungssubstanz gewachsen sind, größer sein muss als 90 % des entsprechenden Blindwertkompostes.

Anzumerken ist an dieser Stelle, dass grundsätzlich jedes Substrat geeignet ist, wenn es eine normale Keimung und ein normales Wachstum der Pflanzen zulässt. Vorzugsweise sollte es eine ähnliche Zusammensetzung und Struktur aufweisen wie der zu prüfende Kompost (Düngerzusatz ist nicht erlaubt). Geeignete Referenzproben sind z. B. in Deutschland Standarderde EE0 der Bundesgütegemeinschaft Kompost e. V. Mischungen aus getrockneten Tongranulaten oder Mischungen aus Torf und silikathaltigem Sand sind ebenfalls als Referenzsubstrat vorgesehen. Die Vorbereitung der Proben, Durchführung der Prüfungen und Bestimmung der Prüfergebnisse ist detailliert in der Norm verzeichnet.

3.3 Prüfnormen zur Durchführung (Normative Verweisungen)

In den zuvor beschriebenen „übergeordneten" Normen, in denen die Produktanforderungen beschrieben, sind (siehe dazu Bild 3.5 und Abschnitt 3.3) wird zu den einzelnen Kriterien/Prüfungen jeweils auf eine Vielzahl verschiedener Prüfnormen zur konkreten Durchführung verwiesen (normative Verweisungen). In diesen Normen, die die konkrete Durchführung zur Prüfung der Kompostierbarkeit von Kunststoffen regeln, sind dann die einzelnen Verfahren sowie die Auswertung der Prüfungen und die erlaubten Grenzwerte ausführlich beschrieben.

Im Einzelnen können diese Normen zur Durchführung weiter inhaltlich je nach Umgebungsbedingungen bei den Abbauuntersuchungen unterteilt werden in Normen zur Untersuchung der aeroben Abbaubarkeit unter aquatischen Bedingungen (z. B. für wasserlösliche Verpackungen), Untersuchung der aeroben Abbaubarkeit in terrestrischen Systemen unter aquatischen Bedingungen (z. B. für Blumentöpfe) und Prüfmethoden zur Charakterisierung des Abbauverhaltens unter anaeroben Bedingungen, wie sie z. B. in einer Biogasanlagen vorzufinden sind (vgl. Bild 3.5).

Beim aeroben Bioabbau zielen viele der Methoden auf Vorgaben zur Beurteilung der Kompostierbarkeit von Verpackungen und anderen Kunststoffabfällen ab.

Im Folgenden werden die einzelnen Normen nun näher beschrieben, wobei es jedoch insbesondere bei den übergeordneten Normen sehr viele Ähnlichkeiten und Überschneidungen zwischen den einzelnen Standards gibt und gleichzeitig verweisen die verschiedenen übergeordneten Standards dabei häufig wieder auf die gleichen speziellen Prüfnormen.

Bei den in diesem Kapitel beschriebenen Normen handelt es sich zum größten Teil um die jeweiligen normativen Verweisungen, die in den „Haupt"-Normen angeben sind (vgl. Bild 3.2

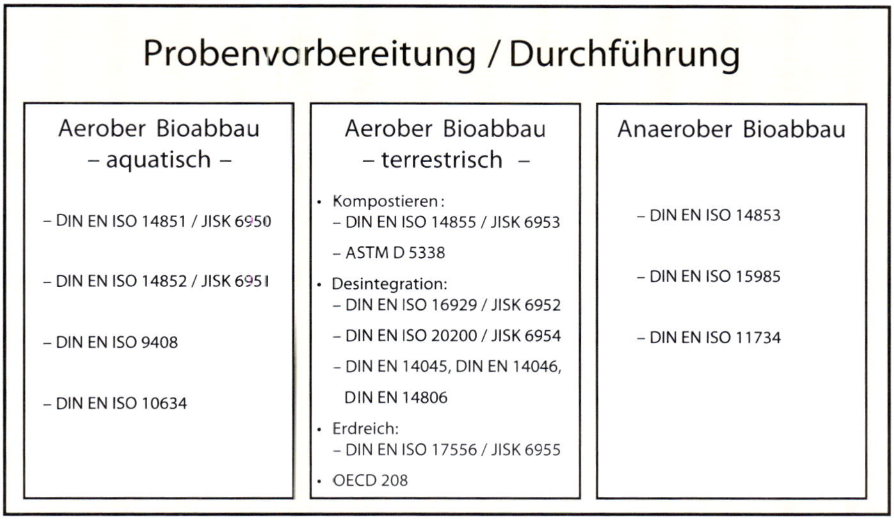

```
┌─────────────────────────────────────────────────────────────────────┐
│              Probenvorbereitung / Durchführung                      │
│  ┌──────────────────┬────────────────────────┬──────────────────┐  │
│  │ Aerober Bioabbau │   Aerober Bioabbau     │ Anaerober Bioabbau│  │
│  │   – aquatisch –  │     – terrestrisch –   │                  │  │
│  └──────────────────┴────────────────────────┴──────────────────┘  │
└─────────────────────────────────────────────────────────────────────┘
```

Aerober Bioabbau – aquatisch –
- DIN EN ISO 14851 / JISK 6950
- DIN EN ISO 14852 / JISK 6951
- DIN EN ISO 9408
- DIN EN ISO 10634

Aerober Bioabbau – terrestrisch –
- Kompostieren:
  - DIN EN ISO 14855 / JISK 6953
  - ASTM D 5338
- Desintegration:
  - DIN EN ISO 16929 / JISK 6952
  - DIN EN ISO 20200 / JISK 6954
  - DIN EN 14045, DIN EN 14046, DIN EN 14806
- Erdreich:
  - DIN EN ISO 17556 / JISK 6955
- OECD 208

Anaerober Bioabbau
- DIN EN ISO 14853
- DIN EN ISO 15985
- DIN EN ISO 11734

Bild 3.5 Prüfnormen zur Durchführung (normative Verweisungen)

und Bild 3.5). Darüber hinaus sind in diesem Kapitel weitere Normen verankert, die ebenfalls zur Prüfung der Kompostierbarkeit dienen, allerdings anderen Quellen als den Hauptnormen entstammen. Unterteilt ist das Kapitel nach folgenden Kriterien: Richtlinien, Norm zu Verpackungen (Allgemein), aerober Bioabbau – aquatisch, aerober Bioabbau – terrestrisch, anaerober Bioabbau, ^{14}C-Methode, OECD-Richtlinien, japanische Normen.

3.3.1 Richtlinien

3.3.1.1 ASTM D6002

Die ASTM D6002 dient als Leitfaden zur Beurteilung der Kompostierbarkeit abbaubarer Kunststoffe ("Standard Guide for Assessing the Compostability of Environmentally Degradable Plastics"). In der ASTM D6400 wird immer wieder auf die ASTM D 6002 verwiesen, da diese die Kriterien, Verfahren und die generelle Vorgehensweise zur Untersuchung auf Kompostierbarkeit beinhaltet.

3.3.1.2 AS 4454

Dieser australische Standard AS 4454 (2003) macht Angaben bzw. stellt Anforderungen zur Kompostqualität, zur Bodenbeschaffenheit und zur Bodendecke und ist in der AS 4736 verankert.

3.3.2 Normen zu Verpackungen (Allgemein)

3.3.2.1 DIN EN 13193

Die DIN EN 13193 ist als normative Verweisung in der zuvor beschriebenen übergeordneten DIN EN 13432 zu finden. Die DIN EN 13193 definiert Begriffe, die im Bereich Verpackungen und Umwelt verwendet werden, z. B.:

- Spezifische Begriffe zu Verpackungen und Umwelt
- Begriffe hinsichtlich Verpackung und Abbaubarkeit
- Begriffe hinsichtlich Verpackung und energetischer Verwertung

Die Richtlinie soll dazu dienen, die Begrifflichkeiten, die neue und gebrauchte Verpackungen betreffen, zu verdeutlichen bzw. zu definieren und somit ein ergänzendes Glossar bereitstellen. Allgemein gebräuchliche Begriffe sind nicht Gegenstand dieser Norm.

3.3.2.2 DIN EN 13427

Wie bei der DIN EN 13193 ist auch die DIN EN 13427 als normativer Verweis in der übergeordneten DIN EN 13432 genannt. Die DIN EN 13432 stellt die Anforderungen an die Verwertung von Verpackungen durch Kompostierung und biologischen Abbau dar. In der DIN EN 13432 ist daher auch der normative Verweis auf die DIN EN 13427 zu finden, welche die Anforderungen an die Anwendung der europäischen Normen zu Verpackungen und Verpackungsabfälle beinhaltet. Die DIN EN 13427 legt dabei Anforderungen fest und schreibt ein Verfahren vor, nach dem eine für die Markteinführung von Verpackungen oder verpackten Produkten verantwortliche Person oder Organisation (in der Norm als Inverkehrbringer benannt) zu prüfen hat. In der Norm sind fünf weitere Verpackungsnormen verankert, nach denen verschiedene Kriterien abgedeckt werden.

Die Unterteilung der fünf Normen, die an dieser Stelle nicht weiter erläutert werden sollen, sieht wie folgt aus:

- Herstellung und Zusammensetzung: Ressourcenschonung durch Verpackungsminimierung (EN 13428); Feststellung der vier Schwermetalle in Verpackungen (CR 13695-1); Feststellung von gefährlichen Substanzen oder Zubereitung in Verpackungen (CR-13695-2)
- Wiederverwertung: Wiederverwertung (EN 13429)
- Verwertung: Stoffliche Verwertung (EN 13430); Energetische Nutzung (EN 13431); Organische Verwertung (EN 13432)

Das Grundprinzip, die jeweiligen Anforderungen sowie die Verfahren können der Norm entnommen werden.

3.3.2.3 DIN EN ISO 472

Bei der DIN EN ISO 472 (2002, Normentwurf 2007) handelt es sich um eine Norm für Kunststoffe, in der die Fachwörter der Kunststoffbranche verzeichnet sind. Die Norm (National/International) legt dabei deutsche, englische und französische Begriffe aus der Kunststoffindustrie in alphabetischer Reihenfolge fest.

3.3.2.4 ASTM D883

Die ASTM D883 (2008) beinhaltet Begriffsdefinitionen in Bezug auf Kunststoffe im Allgemeinen („Standard Terminology Relating to Plastics").

Diese Terminologie beschreibt in Kurzform technische Begriffe, die in der Kunststoffindustrie gebräuchlich sind. Begrifflichkeiten, die in der Regel leicht verständlich sind oder in anderen leicht, zugänglichen Quellen definiert sind, sind in dieser Norm nicht enthalten. Dieser Standard ist inhaltlich identisch mit der ISO 472.

3.3.3 Aerober Bioabbau – aquatisch

3.3.3.1 DIN EN ISO 10634

Entspricht: BS EN ISO 10634:1995, ISO 10634:1995.

Die DIN EN ISO 10634 (1995) ist ein Standard zur Wasserbeschaffenheit. Die Norm dient als Anleitung für die Vorbereitung und Behandlung von in Wasser schwer löslichen organischen Verbindungen für die nachfolgende Bestimmung ihrer biologischen Abbaubarkeit in einem wässrigen Medium.

Die Norm beschreibt vier Verfahren zur Dispergierung organischer Verbindungen, die auf biologische Abbaubarkeit in einem wässrigen Medium geprüft werden sollen. Diese Verfahren können angewandt werden, wenn die Abbauprüfung mit dem Verfahren zur Bestimmung des freigesetzten Kohlenstoffdioxids und der Bestimmung des Sauerstoffverbrauchs erfolgt [150].

3.3.3.2 DIN EN ISO 14851

Entspricht: ISO 14851, SN EN ISO 114851, BS EN ISO 14851, NF T51-801; NF EN ISO 14851, OENORM EN ISO 14851, UNE-EN ISO 14851.

Die DIN EN ISO 14851 (2004) beschreibt ein Verfahren, mit dem durch Messung des Sauerstoffbedarfs in einem geschlossenen Respirometer der Grad der vollständigen aeroben Bioabbaubarkeit von Kunststoffmaterialien (einschließlich Kunststoffe mit Additiven) bestimmt werden kann. Die Probe wird in einem wässrigen Medium unter Laborbedingungen einem Inokulum aus verschiedenen Medien (Kompost oder Boden, Belebtschlamm) ausgesetzt.

Die in der Norm angewendeten Bedingungen entsprechen nicht zwangsläufig den optimalen Bedingungen zum bestmöglichen bzw. maximalen Bioabbau. Die Norm soll Erkenntnisse hinsichtlich der Bioabbaubarkeit in einer natürlichen Umgebung liefern bzw. die potenzielle Bioabbaubarkeit von Kunststoffen bestimmen.

Je nachdem welches Medium im Inokulum eingesetzt wird, können verschiedene Aussagen über die Bioabbaubarkeit getroffen werden. Wird ein nicht adaptierter Belebtschlamm verwendet, werden die Bioabbauprozesse simuliert, die in einer natürlichen wässrigen Umgebung auftreten. Wird hingegen ein gemischtes oder voradaptiertes Inokulum verwendet, kann das Verfahren dazu dienen, die Probe auf ihre potenzielle Bioabbaubarkeit zu untersuchen.

3.3.3.3 DIN EN ISO 14852

Entspricht: ISO 14852SN EN ISO 14852BS EN ISO 14852, NF T51-802; NF EN ISO 14852, OENORM EN ISO 14852, UNE-EN ISO 14852.

Die DIN EN ISO 14852 (2004) umfasst fast den gleichen Anwendungsbereich wie die DIN EN ISO 14851, nur das die DIN EN ISO 14852 ein Verfahren beschreibt, mit dem durch Messung der gebildeten Kohlenstoffdioxid Menge der Grad der vollständigen aeroben Bioabbaubarkeit von Kunststoffmaterialien (einschließlich Kunststoffe mit Additiven) bestimmt werden kann. Die Probe wird in einem wässrigen Medium unter Laborbedingungen einem Inokulum aus verschiedenen Medien (Kompost oder Boden, Belebtschlamm) ausgesetzt.

Die in der Norm angewendeten Bedingungen entsprechen nicht zwangsläufig den optimalen Bedingungen zum bestmöglichen bzw. maximalen Bioabbau. Die Norm soll Erkenntnisse hinsichtlich der Bioabbaubarkeit in einer natürlichen Umgebung liefern bzw. die potenzielle Bioabbaubarkeit von Kunststoffen bestimmen.

Je nachdem welches Medium im Inokulum eingesetzt wird, können verschiedene Aussagen über die Bioabbaubarkeit getroffen werden. Wird ein nicht adaptierter Belebtschlamm verwendet, werden die Bioabbauprozesse simuliert, die in einer natürlichen wässrigen Umgebung auftreten. Wird hingegen ein gemischtes oder voradaptiertes Inokulum verwendet, kann das Verfahren dazu dienen, die Probe auf ihre potenzielle Bioabbaubarkeit zu untersuchen.

3.3.3.4 ISO 9408

Die ISO 9408 (1999) zur Wasserbeschaffenheit macht Angaben bzw. beschreibt ein Verfahren zur Bestimmung der vollständigen aeroben biologischen Abbaubarkeit organischer Stoffe in einem wässrigen Medium mittels Bestimmung des Sauerstoffbedarfs in einem geschlossenen Respirometer. Die Eigenschaften, welche die organischen Stoffe dabei aufweisen müssen, sowie die genaue Vorgehensweise sind detailliert der Norm zu entnehmen.

3.3.4 Aerober Bioabbau – terrestrisch

3.3.4.1 Kompostierung

3.3.4.1.1 DIN EN ISO 14855

Entspricht: ISO 14855-1/2, SN EN ISO 14855-1, BS EN ISO 14855-1, NF T51-803; NF EN ISO 14855-1, OENORM EN ISO 14855, UNE-EN ISO 14855, 06/30134713 DC (Norm-Entwurf).

Die europäische Norm DIN EN ISO 14855 (2005) beschreibt die Bestimmung der vollständigen Bioabbaubarkeit und Zersetzung von Kunststoffmaterialien unter aeroben Bedingungen kontrollierter Kompostierung. Sie bezieht sich auf das Verfahren mittels Analyse des freigesetzten Kohlendioxids.

Die Norm gliedert sich in zwei Teile; Teil 1 (DIN EN ISO 14855-1): Allgemeines Verfahren; Teil 2 (DIN EN ISO 14855-2): Gravimetrische Messung des freigesetzten Kohlendioxids im Labormaßstab.

Die Testmethode der DIN EN ISO 14855 ist äquivalent mit der ASTM D 5338 (siehe dazu Abschnitt 3.3.4.1.2).

3.3.4.1.2 ASTM D5338

Die ASTM D5338 (2003) beschreibt ein Prüfverfahren zur Bestimmung des aeroben biologischen Abbaus von Kunststoffmaterialien unter kontrollierten Kompostierbedingungen („Standard Test Method for Determining Aerobic Biodegradation of Plastic Materials under Controlled Composting Conditions").

Mit diesem Prüfverfahren, welches äquivalent zur DIN EN ISO 14855 ist, werden der Grad und die Geschwindigkeit der aeroben biologischen Abbaubarkeit von Kunststoffen unter kontrollierten Kompostierungsbedingungen bestimmt. Die Prüfsubstanzen werden dabei einem Inokulum zugeführt, das mit Kompost aus Siedlungsabfällen befüllt ist. Die aerobe Kompostierung findet in einem Umfeld statt, in dem die Temperaturen, die Belüftung und die Luftfeuchtigkeit kontinuierlich überwacht und kontrolliert werden. Als Messgröße dient dabei der Prozentsatz des freiwerdenden Kohlendioxids.

3.3.4.2 Desintegration

3.3.4.2.1 DIN EN 14045

Entspricht: SN EN 14045, BS EN 14045, NF H60-145, NF EN 14045, OENORM EN 14045, UNE-EN 14045

Die DIN EN 14045 (2003) wird zur Evaluierung der Desintegration von Verpackungsmaterialien in der aeroben Kompostierungsprüfung im Technikummaßstab unter definierten Bedingungen eingesetzt.

Das Verpackungsmaterial wird mit Bioabfall vermischt (genaue Mischungsverhältnisse können der Norm entnommen werden). Anschließend wird das Gemisch einem praxisorientierten Kompostierungsprozess beigegeben (zwölf Wochen). Am Ende der Rottephase wird die Desintegration durch Sieben und Errechnen einer Massenbilanz gemessen. Welche Einflüsse die Probe (Gemisch) auf die Kompostqualität hat, kann durch weitere chemische und ökotoxikologische Analysen ermittelt werden (nicht Bestandteil dieser Norm). Darüber dient diese Norm nicht zur Bestimmung der biologischen Abbaubarkeit von Verpackungsmaterialien, hierfür müssen ebenfalls andere Normen eingesetzt werden.

3.3.4.2.2   DIN EN 14046

Entspricht: SN EN 14046, BS EN 14046, NF H60-146; NF EN 14046, OENORM EN 14046, UNE-EN 14046.

Die DIN EN 14046 (2003) beschreibt ein Prüfverfahren zur Bestimmung der vollständigen aeroben biologischen Abbaubarkeit von Verpackungsmaterialien (basierend auf organischen Bestandteilen). Das Prüfverfahren beruht auf kontrollierten Kompostierungsbedingungen mittels Analyse des freigesetzten Kohlendioxids (Messung des Kohlendioxids bis zum Ende der Prüfung). Die Durchführung (z. B. Vorbereitung der Proben, Berechnung) ist detailliert in der Norm beschrieben.

3.3.4.2.3   DIN EN 14806

Entspricht: SN EN 14806, BS EN 14806, NF H60-149; NF EN 14806, OENORM EN 14806, UNE-EN 14806.

Die DIN EN 14806 (2005) umfasst die Vorbeurteilung des Auflösens von Verpackungsmaterial unter simulierten Kompostierungsbedingungen im Labormaßstab. Um Umweltbedingungen zu simulieren, die in industriellen Kompostierungsanlagen herrschen, wird in diesem Prüfverfahren synthetischer Abfall verwendet. Verpackungsmaterial, welches nach diesem Verfahren geprüft wird, kann vorläufig als kompostierfähig bezeichnet werden. Auch bedeutet ein negatives Ergebnis nicht unbedingt, dass das Material unter industriellen Kompostierungsbedingungen nicht desintegriert. Die DIN EN 14806 ersetzt nicht die DIN EN 14045.

3.3.4.2.4   ISO 16929

Entspricht: BS ISO 16929.

Die ISO 16929 (2002) dient zur Bestimmung der Zersetzung von Kunststoffmaterialien unter festgelegten Bedingungen der Kompostierung mittels einer Prüfung im Technikummaßstab. Die Norm kann herangezogen werden, um den Einfluss des Testmaterials auf den Kompostierungsprozess und die Qualität des Komposts zu untersuchen. Zur Untersuchung auf den aeroben Bioabbau der Probe müssen jedoch andere Standards herangezogen werden (ISO 14851, ISO 14852, ISO 14855).

Das Verfahren, Probenvorbereitung sowie die Berechnungen können der Norm entnommen werden.

3.3.4.2.5 DIN EN ISO 20200

Entspricht: ISO 20200, SN EN ISO 20200, BS EN ISO 20200, NF T51-806; NF EN ISO 20200, OENORM EN ISO 20200, UNE-EN EN ISO 20200, GOST 20200.

Der internationale Standard ISO 20200 (2005) bestimmt den Grad des Zersetzungsgrades von Kunststoffmaterialien unter nachgebildeten Kompostierungsbedingungen mittels einer Prüfung im Labormaßstab. Das Verfahren gilt nicht für die Bestimmung der biologischen Abbaubarkeit von Kunststoffen unter Kompostierungsbedingungen, hierfür sind weitere Prüfungen erforderlich.

3.3.4.3 Erdreich (DIN EN ISO 17556)

Anders als die DIN EN ISO 14851 und 14852 legt die DIN EN ISO 17556 ein Verfahren zur Bestimmung der vollständigen aeroben biologischen Abbaubarkeit von Kunststoffmaterialien im Boden durch Messung des Sauerstoffbedarfs in einem geschlossenen Respirometer oder durch Messen des entwickelten Kohlendioxids fest.

Wird ein nicht angepasster Boden als Inokulum verwendet, werden die biologischen Abbauprozesse, die in natürlichen Böden ablaufen simuliert. Wird hingegen ein vorexponierter Boden verwendet, kann das Verfahren dazu dienen, die Probe auf ihre potenzielle Bioabbaubarkeit zu untersuchen.

Die komplette Beschreibung kann detailliert der Norm entnommen werden.

3.3.5 Anaerober Bioabbau

3.3.5.1 DIN EN ISO 11734

Entspricht: ISO 11734, SN EN ISO 11734, BS EN ISO 11734, NF T90-324; NF EN ISO 11734, OENORM EN ISO 11734, UNE-EN ISO 11734.

Die DIN EN ISO 11734 (1998) beschreibt das Verfahren zur Bestimmung der vollständigen, anaeroben biologischen Abbaubarkeit organischer Verbindungen im Faulschlamm durch anaerobe Mikroorganismen. Das Verfahren ist zur Prüfung organischer Verbindungen mit bekanntem Kohlenstoffanteil geeignet, sofern sie bestimmte Eigenschaften (eingehend in der Norm erläutert) besitzen. Um die Abbaubarkeit zu bestimmen, wird die Biogasproduktion gemessen.

3.3.5.2 ISO 14853

Entspricht: ISO 14853, BS ISO 14853.

Die ISO 14853 (2005) dient zur Bestimmung der vollständigen anaeroben Bioabbaubarkeit von Kunststoffmaterialien in einem wässrigen Medium. Sie bezieht sich auf das Verfahren mittels Analyse der Biogasentwicklung.

3.3.5.3 ISO 15985

Entspricht: BS ISO 15985.

Die ISO 15985 (2004) beschreibt ein Verfahren zur Bestimmung der vollständigen anaeroben Bioabbaubarkeit unter den Bedingungen anaerober Zersetzung in feststoffreicher Umgebung. Die Norm bezieht sich dabei auf das Verfahren mittels Analyse des freigesetzten Biogases (Kohlendioxid und Methan).

3.3.6 ASTM D6866 (^{14}C-Methode)

Die ASTM D6866 (2008) beschreibt das Prüfverfahren zur Bestimmung der biosbasierten Anteile von festen, flüssigen und gasförmigen Proben. Zur Bestimmung wird die Radiokohlenstoffdatierung verwendet („Standard Test Methods for Determining the Biobased Content of Solid, Liquid and Gaseous Samples Using Radiocarbon Analysis").

Da für Biopolymere auf der einen Seite sowohl petrochemische als auch nachwachsende Rohstoffe eingesetzt werden können und auch Copolymere sowie Blends aus beiden Rohstoffgruppen erzeugt werden können und auf der anderen Seite zunehmende gesetzliche Sonderregelungen für biobasierte Biopolymere entstehen, drängt sich zukünftig verstärkt die Frage auf, wie hoch der Anteil nachwachsender oder biogener Rohstoffe in einem Biopolymer ist.

Diese Frage kann derzeit am besten mittels Radiokohlenstoffdatierung (auch C_{14}-Methode oder Radiokarbonmethode genannt) nach ASTM D6866-04 beantwortet werden. Die ^{14}C-Datierung diente eigentlich zur historischen Altersbestimmung kohlenstoffhaltiger organischer Materialien mit einem Alter bis ca. 50.000 Jahre [52].

Die Datierung basiert auf dem radioaktiven Zerfall des Kohlenstoff-Isotops ^{14}C. In der Natur kommt Kohlenstoff in drei Isotopen vor: ^{12}C, ^{13}C, ^{14}C. Im Gegensatz zu ^{12}C und dem insbesondere in anorganischen Verbindungen vorkommenden ^{13}C ist ^{14}C nicht stabil und wird aus diesem Grunde auch Radiokohlenstoff genannt. Er wir zunächst in den oberen Atmosphären gebildet und bei den photosynthetischen Stoffwechselvorgängen in die Biomasse eingebaut. Durch den radioaktiven Zerfall nimmt die Menge von ^{14}C jedoch in der abgestorbenen und mineralisierten Biomasse mit der Zeit ab. Die Halbwertzeit liegt nach Libby bei 5.568 +/−30 Jahren [160].

Durch die Verbesserung der Methode wurde der von Libby ermittelte Wert zwischenzeitlich berichtigt und die Halbwertzeit von ^{14}C auf 5.730 +/−40 Jahren („Cambridge-Halbwertzeit") datiert [52]. Da jedoch bis zu diesem Zeitpunkt bereits viele Werte veröffentlicht worden waren, einigte man sich zur besseren Vergleichbarkeit der Werte untereinander, auf den zuerst veröffentlichten Wert von Libby [168].

Abhängig vom Kohlenstoffgehalt und Größe der Probe können zur ^{14}C-Datierung verschiedene Methoden verwendet werden. So kann z. B. der ^{14}C-Gehalt mittels Zählung der zerfallenden ^{14}C-Kerne im Zählrohr (Flüssigkeitsszintillationszähler) bestimmt werden, oder der ^{14}C-Gehalt wird durch die Zählung der noch vorhandenen ^{14}C-Kerne (Beschleuniger-Massenspektroskopie (AMS)) bestimmt. Die Messung im Beschleuniger-Massenspektrometer wird seit Mitte der 80er-Jahre verwendet. Die Methode ist allerdings aufwendiger und somit auch teurer. Vorteil ist hier allerdings, dass neben der höheren Genauigkeit oder geringeren Messzeit bei gleicher Genauigkeit auch kleine Proben (sehr wenig C) gemessen werden können.

Petrochemische Rohstoffe oder petrobasierte Kunststoffe enthalten aufgrund der relativ geringen Halbwertszeit des Kohlenstoff-Isotops ^{14}C kein „junges" ^{14}C mehr, sie enthalten 99 % ^{12}C. Der ^{14}C-Anteil oder das ^{14}C-^{12}C-Verhältnis ist daher ein Maß für den biobasierten Kohlenstoff und damit ein Indikator für den Anteil an nachwachsenden Rohstoffen im Werkstoff.

Diese Methode hat jedoch den Nachteil, dass nur der biogene Kohlenstoff und nicht der Wasserstoff oder andere Elemente mit erfasst werden. Ein mit Glasfasern gefülltes Biopolymer z. B. würde nach dieser Methode zu 100 % aus nachwachsenden Rohstoffen bestehen oder ein Polypropylen-Stärke-Blend mit einem realen Stärkeblend von 30 Gew.-% würde aufgrund des im Vergleich zum PP geringeren Kohlenstoffanteils in der Stärkephase nur ca. 18 Gew.-% biobasiert.

Umgekehrt werden natürlichen anorganischen Füllstoffe, wie z. B. Calciumcarbonat, Ruß oder Siliziumdioxid den nicht biobasierten Werkstoffbestandteilen zugewiesen.

Die Methode soll zukünftig auch in das Zertifizierungsprogramm von DIN CERTCO aufgenommen werden. Derzeitig werden Prüflabore ausgesucht, die die Messungen nach den entsprechen Standards durchführen sollen bzw. können.

3.3.7 OECD-Richtlinien

Die verschiedenen OECD-Richtlinien dienen zur Beurteilung der biologischen Abbaubarkeit sowie der toxischen Wirkung von einzelnen Verbindungen und/oder Produkten. Diese Beurteilung kann z. B. für Einstufungen nach dem Wasserhaushaltsgesetz genutzt werden.

Bei den Abbaubarkeitstests nach OECD wird zwischen „leichter Abbaubarkeit" und „potenzieller Abbaubarkeit" unterschieden (siehe Tabelle 3.3 und 3.4).

Tabelle 3.3 Leichte biologische Abbaubarkeit [167]

Norm	Prüfung	Substanzeigenschaften
OECD 301A	DOC-Die-Away-Test	Wasserlöslich, nicht flüchtig
OECD 301B	CO2-Evolution-Test	Wasserunlöslich, nicht flüchtig
OECD 301C	Modified MITI-Test	Wasserunlöslich, flüchtig
OECD 301D	Closed Bottle-Test	Wasserunlöslich, flüchtig
OECD 301E	Modified OECD Screening-Test	Wasserlöslich, nicht flüchtig
OECD 301F	Respirometrischer Test (Sapromat)	Wasserunlöslich, flüchtig

Tabelle 3.4 Potenzielle Abbaubarkeit [167]

Norm	Prüfung	Substanzeigenschaften
OECD 302B	Zahn-Wellens-Test	Wasserlöslich, nicht flüchtig, filtrierbar
OECD 302C	Modified MITI-Test	

Tabelle 3.5 Aquatische Studien (statisch, semistatisch, Durchfluss) [167]

Norm	Beschreibung
OECD 201	Algentest: mit Desmodesmus subspicatus, Pseudokirchneriella subcapitata
OECD 202	Daphnientest: mit Daphnia magna Straus
OECD 203	Fischtest: mit Danio rerio, Leuciscus idus melanotus, …
OECD 204	Verlängerter Fischtoxizitätstest: mit Danio rerio
OECD 209	Belebtschlammatemhemmtest
OECD 210	Early-life Stage Test: mit Danio rerio
OECD 211	Daphnienreproduktionstest: mit Daphnia magna Straus

Tabelle 3.6 Terrestrische Studien (Laborversuche, Gewächshaus, Freiland) [167]

Norm	Beschreibung
OECD 207	Regenwurmtest: mit Eisenia foetida
OECD 208	Pflanzenarten

Für die verschiedenen Abbaubarkeitstests können verschiedene Substanzgruppen, wie z. B. Abwässer oder auch Chemikalien (wasserlöslich/schwerlöslich) verwendet werden.

Die Toxizitätstests werden unterteilt in aquatische und terrestrische Studien (siehe Tabelle 3.5 und Tabelle 3.6).

3.3.8 Japanische Standards

Das japanische Zertifizierungsprogramm JBPA (GreenPla) gibt u. a. verschiedene japanische Normen für die Zertifizierung an. Allerdings ist es sehr schwierig, sich ein umfassendes Bild von diesen Normen zu verschaffen, da diese ausschließlich in japanischer Sprache vorliegen. In den folgenden Abschnitten sind die Normen aus dem JBPA-Zertifizierungsprogramm mit den jeweiligen Verweisungen kurz aufgeführt.

3.3.8.1 JIS K 6950

Die japanische Norm JIS K 6950 (1994) für Kunststoffe gibt Auskunft über das Prüfverfahren zur aeroben biologischen Abbaubarkeit von Kunststoffen in Belebtschlamm (BSB-Messung). Dieser japanische Standard ist vergleichbar mit der DIN EN ISO 14851 (Vgl. Abschnitt 3.3.3.2).

3.3.8.2 JIS K 6951

Die japanische Norm JIS K 6951 (2000) für Kunststoffe gibt Auskunft über das Prüfverfahren zur Bestimmung der vollständigen aeroben Bioabbaubarkeit von Kunststoffen in einem wässrigen Medium. Die Abbaubarkeit wird mittels Kohlendioxidmessung bestimmt. Dieser japanische Standard ist vergleichbar mit der DIN EN ISO 14852 (vgl. Abschnitt 3.3.3.3).

3.3.8.3 JIS K 6952

Die japanische Norm JIS K 6952 (2008) für Kunststoffe dient zur Bestimmung der Zersetzung von Kunststoffmaterialien unter festgelegten Bedingungen der Kompostierung mittels einer Technikummaßstabsprüfung. Dieser japanische Standard ist vergleichbar mit der ISO 16929 (vgl. Abschnitt 3.3.4.2.4).

3.3.8.4 JIS K 6953

In der japanischen Norm JIS K 6953 (2000) für Kunststoffe ist die Bestimmung der vollständigen Bioabbaubarkeit und Zersetzung von Kunststoffen unter aeroben Bedingungen kontrollierter Kompostierung beschrieben. Zur Bestimmung der Bioabbaubarkeit wird die Menge Kohlendioxid gemessen, die während der Kompostierung entsteht. Dieser japanische Standard ist vergleichbar mit der DIN EN ISO 14855 (vgl. Abschnitt 3.3.4.1.1).

3.3.8.5 JIS K 6954

Die japanische Norm JIS K 6954 (2008) für Kunststoffe bestimmt den Grad des Zersetzungsgrades von Kunststoffmaterialien unter nachgebildeten Kompostierungsbedingungen mittels einer Prüfung im Labormaßstab. Dieser japanische Standard ist vergleichbar mit der ISO 20200 (vgl. Abschnitt 3.3.4.2.5).

3.3.8.6 JIS K 6955

Die japanische Norm JIS K 6955 (2006) für Kunststoffe beschreibt ein Verfahren zur Bestimmung der vollständigen aeroben biologischen Abbaubarkeit von Kunststoffmaterialien im Boden durch Messung des Sauerstoffbedarfs in einem geschlossenen Respirometer oder durch Messen des entwickelten Kohlendioxids fest. Dieser japanische Standard ist vergleichbar mit der ISO 17556 (vgl. Abschnitt 3.3.4.3).

3.3.9 VDI 4427

Diese VDI-Richtlinie (VDI 4427) ist speziell bei der Zertifizierung von geringem Interesse; sie beschreibt lediglich die Vorgehensweise zur Auswahl biologisch abbaubarer Verpackungsmaterialien. Im Rahmen dieser Richtlinie werden die wesentlichen für die Beurteilung biologisch abbaubarer Packstoffe und Packmittel notwendigen Beurteilungskriterien (Zusammensetzung und Eigenschaften der Packstoffe, Verarbeitungsmöglichkeiten, Verwertung und Umweltauswirkungen) dargestellt. Des Weiteren sind in dieser Richtlinie einige biologische abbaubare Werkstoffe und daraus herzustellende Produkte genannt und kurz erläutert. Physikalische, chemische und mechanische Eigenschaften, Anwendungsbeispiele und Verarbeitungsmöglichkeiten wurden in dieser Richtlinie (Stand 1999), wenn zum Teil auch lückenhaft, zusammengetragen.

3.4 Zulässige Hilfsstoffe und Additive

Hilfsstoffe sind meist allgemein Polymere, die einem Produkt zugesetzt werden, um dessen Herstellung zu ermöglichen, zu vereinfachen, seine Gebrauchsfähigkeit und Qualität zu verbessern oder seine Lebensfähigkeit zu erhöhen [2]. Die zulässigen Additive und Hilfsstoffe müssen vollständig inert oder kompostierbar sein.

Zum Nachweis der Kompostierbarkeit der Additive und Hilfsstoffe gelten die gleichen normierten Untersuchungsmethoden wie bei den Polymeren selbst. Für viele Additive gibt es zudem eine Mengenbegrenzung. Je nach Material sind z. B. bei den nach DIN CERTCO als kompostierbar zertifizierten Polymerwerkstoffen folgende Additive bis zu den angegebenen Maximalanteilen zulässig (die vollständige Liste kann dem DIN CERTCO Zertifizierungsprogramm, 2006 entnommen werden):

Hauptgruppe 1: Füllstoffe
Anorganische Füllstoffe und Farbmittelzusätze (max. 49 Gew.-%) wie z. B.:

- Aluminiumsilikate
- Calciumcarbonat
- Eisenoxid
- Gips
- Graphit
- Kaolin
- Kreide
- Ruß
- Siliziumdioxid
- Talkum
- Titandioxid

Organische Füllstoffe (max. 49 Gew.-%)

- Nicht modifizierte native Cellulosen, Ligno-Cellulosen, native Stärke
- Pflanzenfasern
- Holzmehl/Holzfasern

- Kork
- Rinde
- Stärke
- Roggenmehl und andere Getreidemehle
- Celluloseacetat (bis zu einem Substitutionsgrad von 1,6)

Hauptgruppe 2: Verarbeitungshilfsmittel
Verarbeitungshilfsmittel (max. 49 Gew.-%)

- Glycerin
- Sorbit
- Citronensäureester (mit linearen, aliphatischen Resten bis zu einer Kettenlänge von C22)
- Glycerinacetate
- Xylit

Verarbeitungsmittel (max. 10 %)

- Benzoesäure, Natriumbenzoat
- Erucasäureamid
- Glycerinmonostearat
- Glycerinmonooleat
- Natürliche Wachse
- Paraffine, natürliche Hartparaffine
- Polyethylenglykol (bis Molmasse 2000)
- Stearate

3.5 Zertifizierung der Kompostierbarkeit

Die Bezeichnung Kompostierbarkeit für einen Werkstoff oder ein Produkt setzt ein strenges Qualitätsmanagement zur Prüfung dieser neuartigen, mittels biologischer Verfahren der Abfallbehandlung kompostierbaren Verpackungswerkstoffe voraus. Die anschließende Kennzeichnung von kompostierbaren Produkten aus biologisch abbaubaren Werkstoffen stützt sich dabei neben der Normung im Einzelnen auf vier wesentliche Elemente:

1. Normung
2. Zertifizierung der Kompostierbarkeit
3. Kennzeichnung der Verpackungsprodukte
4. Kontrollprüfungen

Die Zertifizierung erfolgt in Deutschland z. B. über die DIN CERTCO Gesellschaft für Konformitätsbewertung mbH in Berlin. DIN CERTCO ist die Zertifizierungsgesellschaft der TÜV Rheinland Gruppe und des Deutschen Instituts für Normung e. V. (DIN). Stellvertretend für das Qualitätsmanagement, die Rahmenbedingungen und den Ablauf einer Zertifizierung der Kompostierbarkeit soll hier kurz das Vorgehen von DIN CERTCO dargestellt werden.

Der Zertifizierung der Kompostierbarkeit eines Werkstoffes (Werkstoffregistrierung) oder eines Produktes (Produktzertifizierung) liegt ein Zertifizierungsprogramm (Produkte aus kompostierbaren Werkstoffen, Stand August 2006) zugrunde, dem alle wesentlichen Schritte entnommen werden können. Die wichtigsten Rahmenbedingungen bzw. das Vorgehen sind dabei:

- DIN CERTCO zertifiziert Werkstoffe, Halbzeuge und Zusatzstoffe
- Als Grundlage zur Prüfung auf Kompostierbarkeit stehen zwei Normen bzw. Normenreihen (DIN EN 13432 oder ASTM D6400 bzw. ASTM D6868) zur Verfügung. Die beiden Normen sind in ihren Grundzügen sehr ähnlich und unterscheiden sich nur in wenigen Details (vgl. Abschnitt 3.2.4). Das ausgewählte Prüfverfahren wird anschließend durchgängig angewendet. Welche Norm verwendet wurde, wird später auf dem Zertifikat vermerkt [155].
- Die Prüflaboratorien, bei denen die Untersuchungen durchgeführt werden, werden von DIN CERTCO vorgegeben. Die Prüfung auf Kompostierbarkeit gliedert sich dabei in fünf verschiedene Teile (vgl. Bild 3.3):
  - Chemische Prüfung
  - Prüfung auf vollständige biologische Abbaubarkeit
  - Prüfung auf Kompostierbarkeit
  - Prüfung der Kompostqualität
  - Prüfung auf vollständige anaerobe Abbaubarkeit
- Als kompostierbar zertifizierte Werkstoffe/Produkte werden mit dem in Bild 3.6 dargestellten Kompostierbarkeitszeichen (Keimling) ausgezeichnet. In unmittelbarer Nähe zu diesem Zeichen sind die jeweilige Registernummer und der Begriff kompostierbar anzubringen. Der Keimling kann, wenn es der Unterscheidbarkeit kompostierbar/nicht kompostierbar dient, um weitere Elemente erweitert werden (z. B. Wabenstruktur). Das Kompostierungszeichen (Keimling) wird in Deutschland, der Schweiz, den Niederlanden (Belangenvereniging Composteerbaare Producten Nederland; BCPN), Großbritannien (The Composting Association; Compost UK) und Polen (Centralny Osrodek Badawczo-Rozwojowy Opakowan; COBRO) verwendet.
- Die Tests auf Kompostierbarkeit sind für einen gegebenen Werkstoff in der Regel nur einmalig durchzuführen. Doppelprüfungen bzw. Doppelzertifizierungen sind nicht erforderlich, da die Zertifikate in allen beteiligten Ländern Gültigkeit besitzen.
- Zur Aufrechterhaltung der Zertifizierung werden in regelmäßigen Abständen Kontrollprüfungen durchgeführt.
- Das zertifizierende Institut gewährleistet die vertrauliche Behandlung aller Informationen.

3.5 Zertifizierung der Kompostierbarkeit 77

Bild 3.6 Kompostierbarkeitszeichen, geprüft durch DIN CERTCO

Die Kosten für die Zertifizierungen sind sehr unterschiedlich, da diese von mehreren Faktoren abhängig ist. Die reinen Zertifizierungskosten belaufen sich auf ca. 2.000 – 3.000 Euro. Hinzu kommen dann die Laborkosten, die allerdings nicht mit einer fixen Zahl benannt werden können, da die Kosten davon abhängen, welche der fünf Untersuchungen noch durchgeführt werden müssen. Je nach Prüflabor belaufen sich die Kosten für *alle fünf Untersuchungen* auf ca. 7.000 – 8.000 Euro [mündliche Aussage von DIN CERTCO]. Wesentlich günstiger ist die anschließende Zertifizierung von Produkten auf Basis bereits zertifizierter Werkstoffe (*Positivliste*) selbst. Die genauen Kosten können der Internetseite von DIN CERTCO entnommen werden. Anzumerken ist an dieser Stelle noch einmal, dass inzwischen weltweit eingeführte rechtliche Sonderregelungen überwiegend ausschließlich für als kompostierbar zertifizierte Produktverpackungen bzw. zertifizierte Werkstoffe gelten, wie z. B. die Befreiung der zertifizierten Biopolymerverpackungen von der Rücknahmepflicht bzw. den DSD-Gebühren in Deutschland (vgl. Bild 1.14 und Tabelle 1.2).

Wie bereits erläutert, können Werkstoffe, Halbzeuge und Zusatzstoffe zertifiziert werden. Werkstoffe, die den Anforderungen des Zertifizierungsprogrammes entsprechen, werden als kompostierbar registriert und in eine Positivliste eingetragen. Die weiterverarbeitende Industrie kann sich, vorausgesetzt natürlich, dass ein zertifizierter Werkstoff eingesetzt wird, diese Registrierung zunutze machen. Wird aus einem zertifizierten Werkstoff ein Produkt entwickelt, kann bei Antragstellung auf Zertifizierung darauf hingewiesen werden. Somit können Kosten für die Untersuchungen eingespart werden. Bei den aus den zertifizierten Werkstoffen hergestellten Produkten (Halbzeugen) kommt es natürlich neben dem Werkstoff z. B. auch auf die jeweilige Schichtdicke bzw. Wandstärke oder die spezifische zugängliche Oberfläche an. DIN CERTCO prüft, ob das Produkt nach den jeweiligen Normen bei gegebener Dicke als kompostierbar zertifiziert werden kann. Ist dies der Fall, bekommt auch das Produkt das Kompostierungszeichen und das Zertifikat, in dem auch die maximale zulässige Schichtdicke/Wandstärke angegeben ist.

Neben DIN CERTCO gibt es selbstverständlich weltweit noch weitere Zertifizierungsorganisationen, mit eigenen Verfahren und Zeichen (vgl. Bild 3.8).

Das Bestreben der verschiedenen Organisationen ist hierbei, einheitliche Normen und Zertifizierungsverfahren zu verwenden bzw. zu entwickeln, um möglichst einheitliche und vergleichbare Zertifizierungsprozesse durchführen zu können. Seit 2002 gibt es daher z. B.

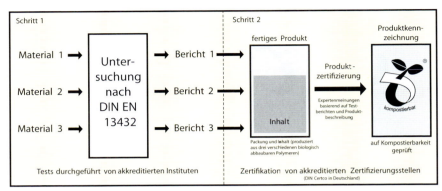

Bild 3.7 Zertifizierung eines Produkts (hier bestehend aus drei zertifizierten Biopolymeren), (Quelle: modifiziert nach IBAW)

Bild 3.8 Weitere internationale Zeichen zur Kennzeichnung kompostierbarer Werkstoffe/Produkte: USA, Finnland, Japan, Belgien

zwischen DIN CERTCO, der Japan BioPlastics Association (JBPA; Tokio, Japan) und des Biodegradable Products Institute (BPI, New York, USA) ein Kooperationsabkommen, das besagt, dass die Prüfergebnisse der jeweiligen Prüflaboratorien untereinander anerkannt werden.

Durch dieses Abkommen und mit der Vereinheitlichung können kostspielige Doppelprüfungen und Zertifizierungen vermieden werden. Alle Zertifizierungsorganisationen haben die gleiche Prüfungsgrundlage und prüfen nach den Standardnormen (DIN EN 13432, ASTM D6400 bzw. 6868 oder nach dem JBPA-Identifizierungssystem).

Soll beispielsweise ein Produkt aus den USA, welches von der BPI zertifiziert wurde, in Deutschland vermarktet werden, würden die kostspieligen Laborkosten entfallen. DIN CERTCO fordert die Untersuchungsergebnisse bei dem entsprechenden Prüflabor an und prüft nur diese Unterlagen oder ggf. ein neues Produkt auf Basis der extern zertifizierten Werkstoffe.

Die Zertifizierungsorganisation AIB Vinçotte vergibt neben dem „Ok Compost"-Zeichen auch das „Ok Compost Home"-Zeichen. Materialien, deren Kompostierbarkeit in privaten Kompostierungssystemen, d. h. dem Heimkompost nachgewiesen ist, dürfen zusätzlich oder ausschließlich mit diesem Zeichen ausgezeichnet werden. Das Zertifizierungsprogramm für das Home-Composting lehnt sich dabei nur an die DIN EN 13432 an. Beim Home-Composting wird eine biologische Abbaubarkeit von 90 % bei Umgebungstemperaturen (vgl. Kompostierungstemperaturen in industriellen Anlagen liegen bei ca. 70 °C) bzw. in aquatischen Umgebungen gefordert (Testmethode nach DIN EN ISO 14851; vgl. Abschnitt 3.3.3.2).

Die Zertifizierungsorganisation Biodegradable Plastics Society (BPS) hat im Juni 2007 ihren Namen in Japan BioPlastics Association (JBPA) geändert. Der Begriff „GreenPla", welcher von der JBPA vergeben wird, bedeutet, dass das Material gewisse Standards an biologisch abbaubare Kunststoffe nach dem Identifikationssystem der JBPA erfüllt.

Die Standards können dem Zertifizierungsprogramm (Standards for Compostable GreenPla Products) der JBPA, welches im Juni 2007 überarbeitet wurde, entnommen werden. Die Untersuchung und Beurteilung der Bioabbaubarkeit wird hier nach folgenden Normen bzw. folgender Richtlinien sichergestellt: JIS K 6950 (komplementär mit der ISO 14851), JIS K 6951 (komplementär mit der ISO 14852), JIS K 6953 (komplementär mit der ISO 14855), JIS K 6955 (komplementär mit der ISO 17556) und OECD 301C. Die Tests zur Abbaubarkeit der Werkstoffe bzw. der Produkte werden dazu nach folgenden Normen (siehe dazu auch Abschnitt 3.3) untersucht: ISO 16929 (Anmerkung: Einsatz von Kompostbehältern mit einer Füllmenge von mind. 140 Litern), ASTM D5338 (hierbei erfolgt die Probenpräparation nach der ASTM D 6400, 6.1; Anmerkung: Einsatz von Kompostbehältern mit einer Füllmenge von 2–5 Litern), ISO 16929 (Anmerkung: wird die Probenpräparation in Anlehnung an die ISO 16929 durchgeführt und Probenbehälter verwendet, die nicht aus bioabbaubaren Kunststoff sind, z. B. PE mit einer Wärmeformbeständigkeit von 120 °C und einer Dicke von 1 mm, ist ein Fassungsvolumen von mindestens 20 Litern gefordert). Die Analyse der Kompostqualität erfolgt nach den OECD-Richtlinien 208 [JBPA, Standards for Compostable GreenPla Products, 2007, G-5].

Die Japan Environment Association (Eco Mark Office, Product Category No. 141, Biodegradable Plastic Products Version 1.0, Certification Criteria, 2007) gibt darüber hinaus zur Kompostierbarkeitsuntersuchung (neben der ISO 16929 (JIS K 6952)) noch die ISO 20200 (JIS K 6954) und die ASTM D 6002 an.

Anzumerken ist an dieser Stelle jedoch, dass die genannten japanischen Normen derzeit leider nicht in einer englischen oder deutschen Fassung erhältlich sind (Info JSA Web Store). Aus diesem Grund wird auf die entsprechenden komplementären ISO Normen verwiesen.

Sind diese Standards erfüllt, wird auch in Japan ein spezielles Logo (vgl. Bild 3.8) vergeben [26].

Neben den genannten Zertifizierungsorganisationen gibt es noch folgende weitere Organisationen für Zertifizierung biologisch abbaubarer Werkstoffe, die hier der Vollständigkeit halber auch genannt werden sollen:

- ABA: Australian Bioplastics Association
- BBP: Belgian Biopackaging
- BEPS: BioEnvironmental Polymer Society (USA)
- BMG: Biodegradable Materials Group (China)

Zertifizierte Produkte sind zwar damit nachweislich für eine Verwertung über Kompostierungsverfahren geeignet, dies bedeutet jedoch nicht automatisch, dass sie heute bereits über entsprechende Entsorgungssysteme, wie z. B. die kommunale Bioabfallsammlung (Biotonne), entsorgt werden können. Das Kompostierbarkeitszeichen garantiert lediglich die namensgebende Eigenschaft *kompostierbar*, ist aber keine Kennzeichnung dafür, ob eine entsprechende Abfalllogistik oder ein Abfallerfassungssystem vorhanden ist, dass die Überführung der Abfälle aus Biokunststoffen in einer Kompostierung tatsächlich sicherstellt.

Mit der Entwicklung und zunehmenden Marktpräsenz der neuen Biopolymerwerkstoffe muss daher neben der Entwicklung von Standards und gesetzlichen Regelungen parallel auch die Entwicklung einer geeigneten Entsorgungslogistik einhergehen. Grundsätzlich sind bei einem für Biopolymerprodukte neu aufzubauenden Entsorgungssystem folgende Teilschritte zu beachten:

- Prüfung und Zertifizierung
- Kennzeichnung
- Erfassung
- Entsorgung/Verwertung

Bild 3.9 Kompostierungssysteme in Europa (Quelle: modifiziert nach IBAW)

Über eine gut funktionierende industrielle Kompostierungslogistik verfügen derzeit insbesondere die Länder Deutschland, Österreich, Schweiz, Belgien, Luxemburg, Niederlande, Schweden und Italien.

3.6 Angrenzende Verordnungen

3.6.1 Biopolymere im Kontext der Abfallablagerungsverordnung

Die Abfallablagerungsverordnung (AbfAblV) vom Mai 2005 verbietet seit dem 1. Juni 2005 das Ablagern *unbehandelter* Siedlungsabfälle, welche bestimmte vorgegebenen Deponierungskriterien nicht erfüllen. Siedlungsabfälle ist ein Sammelbegriff für Abfälle, die im Rahmen der kommunalen Abfallbeseitigung eingesammelt werden, d. h. Hausmüll, Hausmüll ähnliche Gewerbeabfälle, Sperrmüll, Straßenkehricht, Marktabfälle, kompostierbare Abfälle aus der Biotonne, Garten- und Parkabfälle sowie Abfälle aus der Getrenntsammlung von Papier, Pappe, Karton, Glas, Kunststoffe, Holz und Elektronikteilen [36], [98].

Bild 3.10 stellt im Hinblick auf die Behandlung und Ablagerung von Kunststoffabfällen zunächst die wesentlichen Aspekte der Abfallablagerungsverordnung in einer Übersichtsform dar. Die AbfAblV betrachtet formal den Restabfall der privaten Haushalte sowie die hausmüllähnlichen Gewerbeabfälle außerhalb des Verpackungsbereiches aus ablagerungstechnischer Sicht. Wie auch bereits in Abschnitt 1.3 erwähnt, kommt es auch an dieser Stelle u. a. zu sogenannten Fehlwürfen. Durch diese Fehlwürfe kommt es zu Vermischungen der Abfallströme, d. h., es befinden sich sowohl entsorgungspflichtige Verpackungen im Restmüll, als auch nicht entsorgungspflichtige Abfälle im Verpackungsabfallstrom.

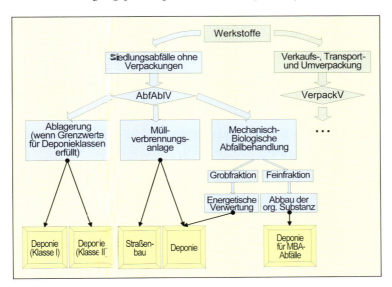

Bild 3.10 Abfallgruppen gemäß Abfallablagerungsverordnung [36]

Im Rahmen der AbfAblV werden für die zu deponierenden Abfälle insbesondere Vorgaben für die mechanischen Eigenschaften (statische Festigkeit), den organischen Anteil (u. a. wegen der Deponiegasproblematik) und extrahierbare Stoffe (u. a. wegen der Sickerwasserproblematik) gemacht. Darauf basierend wird der Abfall in verschiedene Deponieklassen (Deponieklasse I und II) unterteilt. Der maximal zulässige organische Anteil der Deponieklasse I beträgt maximal 3 Gew.-%. In der Deponieklasse II liegt der Wert des maximal zulässigen organischen Anteils bei 5 Gew.-%, das bedeutet, dass Abfälle mit einem OTS > 3 oder 5 Gew.-% (organischer Anteil der Trockenmasse) nicht ohne weitere Vorbehandlung deponiert werden dürfen. Insbesondere beim Hausmüll werden diese Grenzwerte in der Regel überschritten, sodass immer eine entsprechende Behandlung dieser Abfälle erforderlich ist.

Diese Vorbehandlung kann thermisch in einer Müllverbrennungsanlage erfolgen. Eine zweite Möglichkeit zur Abfallbehandlung sind Kombinationsanlagen, bestehend aus mechanisch-biologischer Abfallbehandlung (MBA) und energetischer Verwertung der heizwertreichen Anteile.

Die Ziele einer mechanisch-biologischen Abfallbehandlung (MBA) sind dabei im Wesentlichen:

- Reduzierung des organischen Anteils im Hausmüll (biologischen Aktivität), sodass auf der Deponie nur noch geringe Mengen an klimaschädlichem Deponiegas unkontrolliert entstehen können.
- Reduzierung der Schadstoffe, die mit dem Sickerwasser bei unkontrollierter Deponierung („wilde Deponie" ohne Abdichtungssysteme) ins Grundwasser oder bei kontrollierter Deponierung in eine Sickerwasserreinigungsanlage („geordnete Deponie" mit Abdichtungssystemen) gelangen würden.
- Reduzierung des Volumens der zu deponierenden Abfälle, d. h. Reduzierung des erforderlichen Deponievolumens und Erhöhung der Deponielaufzeiten.
- Verringerung des Anteils des zu verbrennenden Abfalls, wenn eine Abfallverbrennung politisch, technisch und/oder organisatorisch nicht realisierbar ist.
- Energieerzeugung aus Abfall.

Die grundsätzlichen Prozessschritte der MBA lassen sich wie folgt unterteilen:

- Vorsichtung, Sortierung, Zerkleinerung, Siebung/Sichtung des Abfalls
- Auftrennung des Abfalls in Grob- und Feinfraktion (Siebschnitt 25 bis 60 mm)
- Grobfraktion: gravimetrisches Abtrennen der heizwertangereicherten bzw. hochkalorischen Leichtfraktion (HwF bzw. HKF)
- Feinfraktion: Organische Substanzen für einen aeroben oder anaeroben biologischen Abbau

Die Feinfraktion (maximaler organischer Restanteil nach der Behandlung: 18 Gew.-%) wird nach der Analyse der Überreste auf speziellen Deponieabschnitten für MBA-Abfälle gelagert.

Die heizwertangereicherte Leichtfraktion (HwF) oder hochkalorische Fraktion (HKF), die überwiegend aus Folien, Papier, Hartkunststoffen, Windeln, etc. besteht, wird durch weitere Nachbehandlungsschritte zu dem Brennstoff aufbereitet, der gemäß 17. BImSchV in die sogenannte Mitverbrennung der Zement-, Kalk- und Großkraftwerksindustrie gelangt. Diese Aufbereitung findet mit dem Ziel statt, einen verbrennungstechnisch höherwertigen und schwermetallarmen Ersatzbrennstoff (EBS) zu erzeugen [36].

Unter Ersatzbrennstoffen werden üblicherweise gezielt aufbereitete, heizwertreiche, stofflich nicht verwertbare Fraktionen von Siedlungsabfällen wie Klärschlamm, Altholz, Kunststoffe und insbesondere die Leichtfraktion aus der MBA mit einem Heizwert von mindestens 11 MJ/kg verstanden. Das Mitverbrennen von Ersatzbrennstoffen wurde bereits zwischen 2001 und 2005 deutschlandweit erfolgreich erprobt, sodass 2006 bereits 450.000 t eingesetzt wurden. Dieser Wert soll bis 2009 um ca. 50 % steigen [5].

Damit können Biopolymere sowohl der Fraktion für den biologischen Abbau als auch der EBS-Fraktion zugeführt werden. Am sinnvollsten ist jedoch auch an dieser Stelle nach Auffassung des Verfassers die Erzeugung von EBS-Brennstoffen aus Biopolymeren, da deren Verbrennung einen zusätzlichen CO_2-neutralen energetischen Nutzen generiert.

Ähnlich wie bei der Verpackungs- und Düngemittelverordnung sind auch hier die Gesetzgebung und die angrenzenden Verordnungen (noch) nicht durchgängig schlüssig. Gemäß dem an die Abfallablagerungsverordnung angrenzenden Kreislaufwirtschaftsabfallgesetz (KrW-/AbfG) zur Förderung der Kreislaufwirtschaft und der Sicherung der umweltverträglichen Beseitigung von Abfällen (KrW-/AbfG) dürfen Abfälle aus nachwachsenden Rohstoffen jedoch nur dann energetisch verwertet werden, wenn:

a) sie einen Feuerungswirkungsgrad von mindestens 75 % erzielen,
b) die entstehende Wärme selbst genutzt oder an Dritte abgegeben wird oder
c) die im Rahmen der Verwertung anfallenden weiteren Abfälle möglichst ohne weitere Behandlung abgelagert werden können.

Vorrang hat gemäß KrW-/AbfG in jedem Fall die umweltverträglichere Verwertungsart.

3.6.2 Biopolymere im Kontext der deutschen Kompostverordnung

Ein weiterer, insbesondere in Deutschland noch erforderlicher Schritt zum Aufbau einer entsprechenden durchgängigen Entsorgungslogistik für biopolymerbasierte Produkte/Verpackungen ist die Anpassung der nachgelagerten Verordnungen, d. h. insbesondere der Kompostverordnung.

Um zu gewährleisten, dass für den Einsatz auf Flächen nur qualitativ geeignete und insbesondere schadstoffarme Bioabfälle/Komposte eingesetzt werden, bedarf es bei der düngemittelrechtlichen Zulassung von Bioabfallkomposten und verwertbaren Bioabfällen auch einer schadstoffseitigen Regelung. Es hat sich gezeigt, dass die Definition des Begriffes „Bioabfälle" nicht umfassend genug war. Bisher sind nur kompostierbare Kunststoffe, die vollständig auf nachwachsenden Rohstoffen basieren, zur Kompostierung bzw. deren Abbauprodukte in den resultierenden Komposten zugelassen. Die zugelassenen Werkstoffe dürfen damit auch keine petrochemischen Additive enthalten, selbst wenn diese als abbaubar oder sogar kompostierbar zertifiziert sind. Außerdem ist diese Privilegierung von „biologisch abbaubaren Produkten aus nachwachsenden Rohstoffen sowie Abfällen aus deren Be- und Verarbeitung" aus fachlicher Sicht nicht begründet, da für die Bewertung eines Abfalls im Hinblick auf seine Entsorgung allein entscheidend ist, ob er die Anforderungen der Bioabfallverordnung (BioAbfV) erfüllt, unabhängig davon, auf welcher Rohstoffbasis (nachwachsend oder fossil) er hergestellt wurde.

Es wird daher derzeit über folgende Änderung für zulässige Bioabfälle diskutiert:

„Bioabfälle sind Abfälle zur Verwertung tierischen oder pflanzlichen Ursprungs oder aus Pilzmaterialien, die durch Mikroorganismen, bodenbürtige Lebewesen oder Enzyme abgebaut werden können, einschließlich Abfälle zur Verwertung mit hohem organischen Anteil tierischen oder pflanzlichen Ursprungs oder an Pilzmaterialien; …" [Lesefassung Novellierung BioAbfV, Verordnungstext §2; 1. Bioabfälle].

Die Bioabfälle, die explizit dazugehören, können der Lesefassung zur Novellierung BioAbfV (Anhang 1, Stand 19.11.2007) entnommen werden. Der Anhang 1 beinhaltet die Liste der für eine Verwertung auf Flächen grundsätzlich geeigneten Bioabfälle sowie grundsätzlich geeigneten anderen Abfälle, biologisch abbaubare Materialien und mineralische Stoffe. Dabei wird weiter wie folgt unterschieden:

Anhang 1:

1. Abfälle mit hohem organischen Anteil (Bioabfälle gemäß §2 Nr. 1):
   – Bioabfälle, die keiner Zustimmung zur Verwertung bedürfen;
   – Bioabfälle, die einer Zustimmung nach §9a zur Verwertung bedürfen;
2. Andere Abfälle, biologisch abbaubare Materialien und mineralische Stoffe für eine gemeinsame Behandlung mit Bioabfällen (§2 Nr. 4) und für die Herstellung von Gemischen (§2 Nr. 5).

Laut den Abfallschlüsseln *020104* für Kunststoffabfälle (ohne Verpackung), *150102* für Verpackungen aus Kunststoff und *200139* für Kunststoffe sind die Biopolymere somit in dem Entwurf der Novelle der Bioabfallverordnung (Stand August 2008) verankert. Alle drei Abfallschlüssel fallen in die Rubrik 1 und bedürfen somit keiner Zustimmung zur Verwertung. Kriterium ist hier, dass die biologisch abbaubaren Werkstoffe aus überwiegend nachwachsenden Rohstoffen bestehen. Die biologische Abbaubarkeit sowie Schadlosigkeit der aus biologisch abbaubaren Kunststoffen entstehenden/hergestellten Endprodukte müssen dabei mittels der entsprechenden zuvor beschriebenen und in Tabelle 3.7 nochmals an entsprechender Stelle aufgeführten Normen nachgewiesen werden. Damit wären dann zukünftig alle als kompostierbar zertifizierten Biopolymere auch für Kompostierungsanlagen offiziell zugelassen. Der Bundesrat hat dem bereits zugestimmt, allerdings ist die Lesefassung noch nicht ressortabgestimmt [13], [14], [15], [98].

Mit dem Inkrafttreten dieser Bestimmung wären die theoretischen Rahmenbedingungen geschaffen. Allerdings ist mit der Verordnung nicht die Umsetzbarkeit gewährleistet. Die Entscheidung, ob die zertifizierten Biopolymere am Ende in den Kompostierungsanlagen verwertet werden, liegt letztendlich bei den Kommunen selbst. Damit die Umsetzung erfolgt, bedarf es an dieser Stelle noch viel Aufklärung auf Seiten der Verbraucher (Sortierung bzw. Trennung) als auch auf Seiten der „Kompostierer" selbst.

Die Umsetzung in die Praxis muss an dieser Stelle geklärt werden und auch der Nutzen, der hier gesehen wird. Aus Sicht des Verfassers macht eine Kompostierung insbesondere dort Sinn, wo der Abbau einer zusätzlichen Nutzen erzeugt (z. B. kompostierbare Bioabfallsäcke) oder auch durch die Abbaubarkeit weitere Arbeitsschritte eingespart werden können, wie z. B. Friedhofsabfälle, bei denen der Biopolymergrabschmuck mit entsorgt werden kann oder Mulchfolie, die nach Gebrauch nicht aufwendig entfernt und entsorgt werden müssen, sondern untergepflügt werden können.

Tabelle 3.7 Liste der für eine Verwertung auf Flächen grundsätzlich geeigneten Bioabfällen sowie grundsätzlich geeigneter anderer Abfälle, biologisch abbaubarer Materialien und mineralischer Zuschlagstoffe [13]

Abfallbezeichnung gemäß Abfallverzeichnis-Verordnung (AVV) (Abfallschlüssel)	Abfälle aus den in Spalte 1 genannten Abfallbezeichnungen	Ergänzende Bestimmungen und Hinweise (Abfallherkunft gemäß AVV)
Kunststoffabfälle (ohne Verpackungen) (020104)	Biologisch abbaubare Werkstoffe (Kunststoffe) aus überwiegend nachwachsenden Rohstoffen	Landwirtschaft, Gartenbau, Teichwirtschaft, Forstwirtschaft, Jagd und Fischerei z. B. Abdeckfolien. Verwertung nur von Materialien, die nach DIN EN 13432 (2000-12) und DIN EN 13432 Berichtigung 2 (2007-10) oder DIN EN 14995 (2007-03) zertifiziert sind. Materialien sind nach §10 Abs. 1 von den Behandlungs- und Untersuchungspflichten ausgenommen, wenn sie an der Abfallstelle in den Boden eingearbeitet werden.
Verpackungen aus Kunststoff (150102)	Biologisch abbaubare Werkstoffe (Kunststoffe) aus überwiegend nachwachsenden Rohstoffen	(Verpackungen einschließlich getrennt gesammelter kommunaler Verpackungsabfälle) Verwertung nur von Materialien, die nach DIN EN 13432 (2000-12) und DIN EN 13432 Berichtigung 2 (2007-10) oder DIN EN 14995 (2007-03) zertifiziert sind.
Kunststoffe (200139)	Biologisch abbaubare Werkstoffe (Kunststoffe) aus nachwachsenden Rohstoffen	(Getrennt gesammelte Fraktionen der Siedlungsabfälle) Verwertung nur von Materialien, die nach DIN EN 13432 (2000-12) und DIN EN 13432 Berichtigung 2 (2007-10) oder DIN EN 14995 (2007-03) zertifiziert sind.

3.6.3 Biopolymere im Kontext der Düngemittelverordnung

Die Düngemittelverordnung (DüMV, Erstverkündung 2003) regelt das Inverkehrbringen von Düngemitteln, Bodenhilfsstoffen, Kultursubstraten und Pflanzenhilfsmitteln [189].

Da auch Komposte und Gärrückstände aus Bioabfällen je nach Nährstoffgehalt Düngemittel sein können, bestimmt die Düngemittelverordnung, welche Ausgangsstoffe zur Zugabe von Düngemitteln zulässig sind.

Laut dem Entwurf der Düngemittelverordnung (Arbeitsstand 2008) sind die biologisch abbaubaren Werkstoffe, wenn diese nach DIN EN 13432 oder DIN EN 14995 zertifiziert sind, als Ausgangsstoffe für Düngemittel zugelassen. Die Klausel aus der Düngemittelverordnung vom 26. November 2003, dass die biologisch abbaubaren Werkstoffe nur als Düngemittel zugelassen sind, wenn diese zu 100 % aus nachwachsenden Rohstoffen bestehen, würde damit aufgehoben.

3.7 Abfallentsorgung in der EU

Ähnlich wie in Deutschland wurden und werden auch in Europa insbesondere Verpackungen für die Abfallproblematik verantwortlich gemacht und rücken daher auch auf europäischer Ebene in den Fokus politischer und gesetzlicher Maßnahmen. In den Mitgliedsstaaten der Europäischen Union wurden aufgrund der seit Dezember 1994 geltenden EU-Verpackungsrichtlinie rechtliche Schritte zu deren Umsetzung unternommen. Per Gesetz sind Unternehmen des Handels und der Industrie verpflichtet, gebrauchte Verpackungen zurückzunehmen oder sich an einem gesamtwirtschaftlich organisierten, endverbrauchernahen Sammelsystem zu beteiligen, das auf nationaler Ebene für die Finanzierung und Organisation des „Wertstoff-Kreislaufes" verantwortlich ist.

Die EU-Verpackungsrichtlinie gibt eine Gesamtquote zwischen 50 und 65 % für die stoffliche, rohstoffliche und thermische Verwertung von Verpackungsabfällen vor. Die einzelnen Quoten bei den jeweiligen nationalen Regelungen in den EU-Mitgliedsländern weisen oft große Unterschiede auf. Im Vergleich zu den anderen EU-Ländern sind die in Deutschland geforderten Recycling-Quoten sehr hoch.

In der Tabelle 3.8 ist dargestellt, in welchen EU-Mitgliedstaaten ein Sammel- und Verwertungssystem vorhanden ist, welche Packstoffe gesammelt und verwertet werden und ob der „Grüne Punkt" oder ein ähnliches System dort eingeführt ist.

In der Tabelle 3.9 sind die jeweiligen Institutionen angeführt, die speziell für die „Verwertung" von bestimmten Kunststoffverpackungen verantwortlich zeichnen. Zudem ist dargestellt, welche Kunststoffverpackungen jeweils „verwertet" werden:

In den EU-Mitgliedsländern Dänemark, Niederlanden und Spanien werden die Kosten für die Erfassung und Verwertung von Verpackungsabfällen von den Städten und Gemeinden über kommunale Abfallgebühren oder Steuern (shared responsibility) mitfinanziert. In den Niederlanden wurde im letzten Jahr die Biotonne als Entsorgungsweg für als kompostierbar zertifizierte Kunststoffe offiziell „geöffnet".

Tabelle 3.8 Sammel- und Verwertungssysteme von Verpackungsabfällen in der EU. (Quelle: modifiziert nach ÖKK Wien (Mackwitz, Stadlbauer) und eigene Recherchen)

	System	Packstoffe	♻
BELGIEN	FOST Plus	Getränkekartons, Glas, Kunststoffflaschen, Papier/Pappe/Karton	Ja
DÄNEMARK		Glas, Papier/Pappe/Karton	Nein
DEUTSCHLAND	DSD GmbH	Aluminium, Glas, Kunststoffe, Materialverbunde, Papier/Pappe/Karton	Ja
FINNLAND		Getränkedosen, Getränkekartons, Glas, Wellpappe	Nein
FRANKREICH	Eco-Emballages	Aluminium, Getränkekartons, Glas, Kunststoffe, Papier/Pappe, Weißblech	Ja
GRIECHEN-LAND	Pilotprojekt	Aluminium, Glas, Kunststoffe, Papier, Metall	Nein
GROSS-BRITANNIEN	VALPAK	Hauptverpackungsmaterialen	Nein
IRLAND	REPAK	Aluminiumdosen, Glas, Kunststoffe, Papier, Weißblechdosen	Ja
ITALIEN	CONAI	Glas, Kunststoffflaschen	Ja
LUXEMBURG	VALOR-LUX	Glas, Papier	Ja
NIEDERLANDE	Stichting Verpakking	Glas, Papier/Pappe/Karton	Nein
ÖSTERREICH	ARA AG	Aluminium, Glas, Holz, Keramik, Kunststoffe, Materialverbunde, Papier/Pappe/Karton, Weißblech, Wellpappe	Ja
PORTUGAL	Pilotprojekt		Ja
SCHWEDEN	REPA	Kunststoffe, Metall, Papier/Pappe	Nein
SPANIEN	Ecoembalajes	Geplant alle Verpackungsmaterialien	Ja

In Luxemburg und Finnland wird die Mischform beider Modelle (kommunales und privatwirtschaftliches System) angeboten.

In Großbritannien wird das System durch Beitritts- oder Registriergebühren der Wirtschaft bezahlt. Der frühere Trend in diesen Ländern, dass auch hier in zunehmendem Maße die

Tabelle 3.9 Kunststoff-Verpackungsverwerter, Pfandsysteme und Ökosteuer in Europa. (Quelle: modifiziert nach ÖKK Wien (Mackwitz, Stadlbauer) und eigene Recherchen)

	System	Kunststoff-Verpackungen	Zusatzinformationen
BELGIEN	BELVAPLAST	Flaschen, PET-Flaschen	Ökosteuer
DÄNEMARK			Verbot für Getränkedosen, Kommunale Sammlung
DEUTSCHLAND	Deutsche Gesellschaft für Kunststoffrecycling mbH	Flaschen, Folien, Becher, Styropor, PET-Flaschen	Nur Haushaltssystem, Steuer wenn kein Pfand, Zwangspfand ab 1.1.2001
FINNLAND	Suomen Uusiomuovi Oy		
FRANKREICH	VALORPLAST	Flaschen, Becher, PET-Flaschen, PVC	
GRIECHENLAND	Pilotprojekte		System in Arbeit
GROSSBRITANNIEN	VALUPLAST	Flaschen, Folien, Becher	System im Aufbau
IRLAND	BELVAPLAST		System im Aufbau
ITALIEN	CO.RE.PLA	Flaschen, PET, PVC	
LUXEMBURG	VALORLUX	Flaschen, PET-Flaschen	Koop. mit Belgien, Ökosteuer
NIEDERLANDE	Vereniging Milieubeheer Kunststoffverpakkingen	Styropor	Freiwillige Vereinbarung zw. Regierung u. Wirtschaft („Covenant")
NORWEGEN	PLASTRETUR	Flaschen, Folien, Landwirtschaftsfolie, Big Bag	
ÖSTERREICH	ÖKK AG	Flaschen, Folien, Becher, Styropor, PET-Flaschen	Haushalt- und Gewerbesystem
PORTUGAL	PLASTVAL	Flaschen, Folien, Becher, Styropor, PET-Flaschen, PVC	System im Aufbau, Pilotprojekte

Tabelle 3.9 *(Fortsetzung)*

	System	Kunststoff-Verpackungen	Zusatzinformationen
SCHWEDEN	PLASTKRETSEN	Flaschen, Folien, Becher, PET-Flaschen	Pfand: Getränkedosen und PET-Flaschen
SPANIEN	CICLOPLAST	Flaschen, Folien, Becher, Styropor, PET-Flaschen, PVC	System im Aufbau

Recycling-Systeme durch die Privatwirtschaft finanziert werden, scheint sich in letzter Zeit wieder umzukehren.

In Österreich, Deutschland, Frankreich, Belgien, Luxemburg, Spanien, Irland, Italien und Portugal wurde als gemeinsames Finanzierungszeichen des Wertstoff-Kreislaufes der sogenannte „Grüne Punkt" etabliert.

Speziell im Hinblick auf Verpackungen und Tragetaschen aus biologisch abbaubaren Polymeren wird in den EU-Nachbarländern derzeit auch intensiv über gesetzliche Maßnahmen zur Unterstützung bei der Marktdurchdringung dieser neuartigen biologisch abbaubaren Polymerwerkstoffe nachgedacht. So wird z. B. in Frankreich und Italien auf legislativer Seite über ein Verbot von nicht biologisch abbaubaren Einkaufstaschen ab dem Jahr 2010 diskutiert. In Frankreich (ab 2005), Schottland und Skandinavien sollen nur noch sogenannte „Biotüten" begünstigt bzw. konventionelle Kunststofftragetaschen besteuert werden. Hier prüft die EU derzeit, ob die dazu bereits beschlossenen Regelungen aus wettbewerbsrechtlichen Gesichtspunkten zulässig sind.

Im Anhang wird in alphabetischer Reihenfolge in steckbriefartiger Form auf Basis einer Informationsbroschüre der DSD GmbH die Abfallentsorgungssituation in den verschiedenen europäischen Ländern dargestellt.

4 Herstellung und chemischer Aufbau von Biopolymeren

4.1 Herstellung von Biopolymeren

Zum Verständnis der makroskopischen (Gebrauchs-)Eigenschaften ist die Kenntnis des mikrostrukturellen Polymeraufbaus wichtig. Im Folgenden wird daher zunächst die Herstellung ausführlich beschrieben, bevor darauf aufbauend die resultierende Mikrostruktur und die Eigenschaften der Biopolymere dargestellt werden.

Zur Herstellung von Biopolymeren gibt es mehrere verschiedene Herstellrouten (vgl. Bild 4.1). Wie bereits dargestellt, können Biopolymere grundsätzlich sowohl auf biogenen als auch petrochemischen Rohstoffen basieren. Aus einem biogenen Rohstoff resultiert jedoch nicht automatisch ein abbaubarer Polymerwerkstoff und aus einem petrochemischen Rohstoff nicht zwangsläufig ein nicht abbaubarer Werkstoff. Die eigentliche Polymerisationsreaktion kann ausschließlich wiederum unabhängig vom Rohstoffursprung sowohl chemisch, d. h. von Menschenhand herbeigeführt werden, als auch auf biologischem oder natürlichem, in erster Linie fermentativem Wege erfolgen. Die Abbaubarkeit ist am Ende dann wiederum nur von der resultierenden Molekülstruktur (vgl. Abschnitt 2.3) abhängig und nicht vom Rohstoffursprung oder der Bildungsreaktion der Polymere.

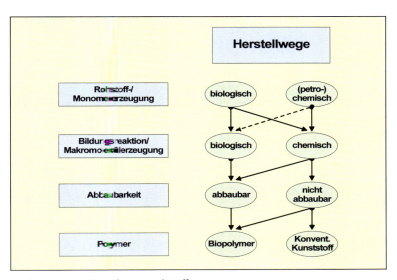

Bild 4.1 Herstellrouten von Biopolymerwerkstoffen

Mit dieser Übersicht lassen sich alle Herstellrouten der heute bekannten Biopolymere im Vergleich zu den konventionellen, etablierten Kunststoffen abbilden. So basiert z. B. ein Polylactid als Biopolymere auf dem biologisch erzeugten Rohstoff Milchsäure, welcher anschließend mittels chemischer Methoden polymerisiert wird. Dagegen werden beispielsweise Polyhydroxyfettsäuren als Biopolymere auf natürlichem Wege und auf Basis biogener Rohstoffe von Mikroorganismen zur Energiespeicherung erzeugt.

Im Falle der biologischen Synthese biogener Rohstoffe kann – noch genauer betrachtet – zwischen mehrstufigen Prozessen, wie z. B. die Umwandlung von Stärke oder Glucose über Glycerin und dann weiter über ein Bio-Propandiol zu einem abbaubaren Polyester, oder einstufigen Prozessen, wie die direkte Biosynthese von Polyhydroxyfettsäuren als Biopolymer unterschieden werden.

Natürlich ist es auch denkbar, Mikroorganismen mit bestimmten petrochemisch basierten Rohstoffen zur Polymersynthese zu „füttern" (vgl. Bild 4.1, gestrichelte Linie), wie z. B. beim Einsatz petrochemisch basierter Alkohole als Nährstoff zur fermentativen Erzeugung von Polyhydroxyfettsäuren.

Eine auf biogenen Rohstoffen basierende und zugleich natürlich/biologische Erzeugung nicht abbaubarer Polymere gibt es jedoch nicht, da sonst auf biologischem Weg entgegen der natürlichen Evolution Polymersubstanzen erzeugt würden, die sich aufgrund ihrer anschließenden biologischen Beständigkeit im Naturhaushalt der Erde akkumulieren würden. Dagegen führt die Modifizierung von natürlichen Substanzen dazu, dass die ursprünglich abbaubare, native Mikrostruktur so stark verändert wird, dass die am Ende resultierenden Polymere nicht mehr abbaubar sind, da sie nicht mehr verstoffwechselt werden können (z. B. Cellulose zu Celluloseacetat oder Naturlatex zu vulkanisiertem Kautschuk). Des Weiteren repräsentiert diese Herstellroute auch die neuartigen sogenannten Drop-in-Lösungen wie z. B. ein auf biogenem Ethanol basierendes Polyethylen. Dabei bestimmen dann, ebenso wie bei konventionellen Kunststoffen, die Bedingungen der verschiedenen Polymerbildungsreaktionen (Temperatur, Druck, Monomerkonzentration, Katalysatoren, Inhibitoren) im Wesentlichen die resultierende Mikrostruktur. Auf Basis dieser Drop-in-Lösungen entstehen am Ende bekannte Werkstoffe auf einer alternativen, erneuerbaren Rohstoffbasis. Dieser Ansatz ist jedoch nicht völlig neu, denn teilweise werden auch schon seit geraumer Zeit biotechnologisch erzeugte Rohstoffe zur Herstellung konventioneller Polymere eingesetzt, wie beispielsweise fermentativ erzeugte Milchsäure als Ausgangsstoff für die Polymerbausteine Acrylsäure oder Propylenglykol.

Grundsätzlich gibt es zur Herstellung von Biopolymeren folgende Herstellmethoden:

1. Chemische Synthese petrochemischer Rohstoffe
2. Chemische Synthese biotechnologisch hergestellter Polymerrohstoffe
3. Direkte Biosynthese der Polymere
4. Modifizierung von molekularen, nachwachsenden Rohstoffen
5. Herstellung von Mischungen/Blends aus diesen Gruppen

4.1 Herstellung von Biopolymeren

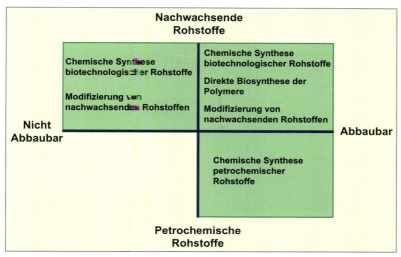

Bild 4.2 Synthesewege von Biopolymeren

In Tabelle 4.1 sind zur Verdeutlichung nochmals einige Biopolymerwerkstoffe den verschiedenen Herstellrouten zugeordnet.

Tabelle 4.1 Übersicht der verschiedenen Herstellmethoden von Biopolymeren

Verfahren/Rohstoffe	Beispiele für Polymere/Kunststoffe
Chemische Synthese petrochemischer Rohstoffe	– Polyester – Polyesteramide – Polyesterurethane – Polyvinylalkohole – Polycaprolacton
Chemische Synthese biotechnologisch hergestellter Polymerrohstoffe	– Polymilchsäure (PLA) – Bio-Polyethylen – Bio-Polyester – Bio-Polyurethan – Bio-Polyamide
Direkte Biosynthese der Polymere	– Polyhydroxybutyrat (PHB) – andere Polyhydroxyalkanoate (PHA)
Modifizierung von molekularen, nachwachsenden Rohstoffen	– Celluloseregenerate – Derivate der Stärke – Derivate der Cellulose
Mischungen/Blends	– Stärke- oder Celluloseblends – PLA-Blends – Polyesterblends

4.1.1 Chemische Synthese petrochemischer Rohstoffe

Bei der Herstellung biologisch abbaubarer Polymere auf Basis petrochemischer Rohstoffe kommen insbesondere Polyvinylalkohole (PVAL), Polycaprolactone (PCL) und verschiedene Polyester in Betracht. Bei den PVAL-basierten Polyvinylbutyralen (PVB) ist es sicher nicht mehr ganz richtig von Biopolymeren zu sprechen, da sie weder wasserlöslich noch abbaubar sind und auch nicht auf biogenen Rohstoffen basieren. Da sie jedoch auf der anderen Seite direkt auf wasserlöslichem PVAL basieren, ein zunehmend wichtiges Einsatzgebiet von PVAL darstellen und je nach Vollständigkeit der Umwandlung (Butyralisierungsgrad) des PVAL über ein variables Eigenschaftsprofil verfügen können, werden PVB-Polymere im Anschluss an PVAL kurz beschrieben.

Da unter bestimmten Umständen bestimmte Polyurethane (PUR) und Polyamide (PA) eine begrenzte mikrobiologische Stabilität aufweisen und partiell abbaubar sind oder auch der teilweise Einsatz von biogenen Ausgangsstoffen als Syntheserohstoff zu deren Herstellung technisch möglich ist, wird in diesem Fall auch von sogenannten Bio-PUR oder Bio-PA als Biopolymere oder biobasierten Polymeren gesprochen. Auch bei den Polyestern ist eine klare Trennung hinsichtlich der eingesetzten Rohstoffe in bio- und petrobasierte Polymere nicht möglich, da oft die Ausgangsstoffe sowohl aus petrochemischen als auch natürlichen Rohstoffen hergestellt werden können und auch werden.

Bei den Bio-Polyestern geht eine aktuelle Entwicklungstendenz jedoch derzeit in Richtung eines zunehmenden Einsatzes biogener Rohstoffe als Ausgangsstoffe [30], [69], [142]. Die verschiedenen biobasierten Polyestertypen werden daher ebenso wie Bio-PUR und Bio-PA im Abschnitt 4.1.2 im Rahmen der chemischen Synthese biotechnologisch hergestellter Rohstoffe dargestellt. Da jedoch dagegen die Ausgangsstoffe der Polyvinylalkohole und Polycaprolactone derzeit überwiegend petrobasiert sind und dies wohl in naher Zukunft auch weiterhin so bleiben wird, werden diese Polymertypen innerhalb dieses Kapitels als chemisch synthetisierte Biopolymere auf Basis petrochemischer Rohstoffe dargestellt.

4.1.1.1 Polyvinylalkohol (PVAL)

Polyvinylalkohole (PVAL oder auch PVOH) sind von Menschenhand synthetisierte Polymere, die mit Hilfe von Weichmachern (z. B. Glycerin) thermoplastische Eigenschaften erhalten und je nach Mikrostruktur meist in Wasser löslich sind. Ihre Herstellung kann nicht über eine direkte Polymerisation erfolgen, sondern wird auf Grund der Unbeständigkeit des Vinylalkoholmonomers (Keto-Enol-Tautomerie) über die Hydrolyse eines Esters, besonders bevorzugt die des Essigsäurevinylesters (Polyvinylacetat (PVAc)), durchgeführt [46].

Die PVAL-Produktion, die mit der Erfindung der Vinylonfaser (in Europa meist als Vinalfaser bezeichnet) in Japan einher geht, zeigt durch ihre Kommerzialisierung nach dem Ende des Zweiten Weltkriegs eine bis heute stetig wachsende Entwicklung. Die PVAL-Produktion steigt laut KI Kunststoff Information (Stand 2008) jährlich um 5 % (Bild 4.3).

Verantwortlich für das ständig steigende Interesse sind die vielfältigen Anwendungen des PVALs und seiner Derivate z. B. in der Papier-, Klebstoff- oder Textilfaserindustrie. Hinzu kommen die variablen Eigenschaften des PVALs und seiner Derivate sowie u. a. die immer größer werdende Nachfrage nach PVAL als Rohstoff für die Herstellung von Polyvinylbu-

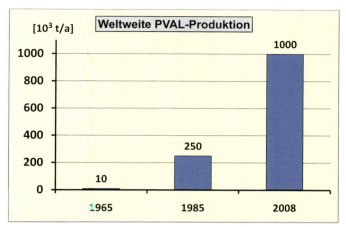

Bild 4.3 Entwicklung der weltweiten Produktion von Polyvinylalkohol

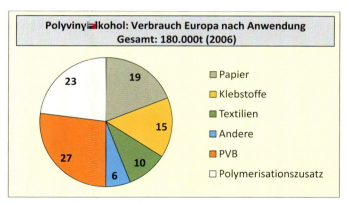

Bild 4.4 PVAL-Verbrauch in Europa [7], [46], kiweb

tyral (PVB). PVB-Folien werden häufig in der Automobilindustrie als Verbundglas- oder Sicherheitsglasfolie und im Architekturbereich beispielsweise zur Herstellung von Fassadenscheiben sowie Überkopfverglasungen verwendet. PVB hatte 2006 einen Anteil von 27 % des gesamten PVAL-Verbrauchs [49], [127], Bild 4.4.

Es wird geschätzt, dass die weltweite Produktion im Jahr 2008 über 1.000.000 Jahrestonnen beträgt. In Europa liegt der PVAL-Verbrauch derzeit bei fast 200.000 Jahrestonnen [46].

Herstellung

Die Herstellung von PVAL ist nicht über eine direkte Polymerisation des Vinylalkohols möglich. Im Moment seiner Entstehung aus Acetylen (C_2H_2) und Wasser (H_2O) lagert sich das Vinylalkoholmonomer aufgrund der schnellen Isomerisierung (hier: Wanderung des Hydroxylgruppenprotons) in die energetisch begünstigte Ketonform (Keto-Enol-Tautomerie)

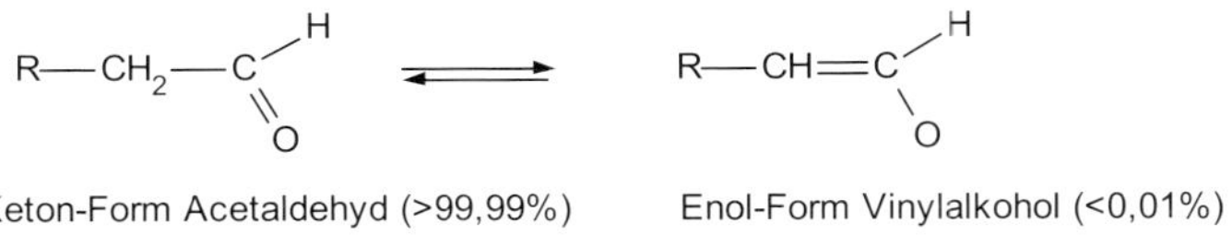

4 Herstellung und chemischer Aufbau von Biopolymeren

R—CH₂—C(H)=O ⇌ R—CH=C(H)—OH

Keton-Form Acetaldehyd (>99,99%)   Enol-Form Vinylalkohol (<0,01%)

Bild 4.5 Keto-Enol-Tautomerie des Vinylalkohols (Quelle: Roempp)

um, d. h. es entsteht Acetaldehyd. Polymerisiert werden kann hingegen ein Vinylalkohol, bei dem diese Isomerisierung nicht erfolgen kann, wie beispielsweise dem Essigsäurevinylester. Durch die Acetatgruppe wird zunächst die Doppelbindung der „Enol-Form" für die Polymerisation des Polyvinylacetats stabilisiert, bevor in einem nachgelagerten Reaktionsschritt die Verseifung des Polyvinylacetats zum PVAL erfolgt.

Die Polymerisation wird in einem Lösungsmittel durchgeführt, großtechnisch ist meist Methanol im Einsatz

Im Folgenden werden die einzelnen zugehörigen Teilschritte etwas ausführlicher dargestellt.

Teilschritt 1: Herstellung von PVAc

Die Polymerisation von Vinylacetat erfolgt durch die radikalisch induzierte Polymerisation, welche in den folgenden drei Schritten abläuft [46].

a) Initiation:

Zur Initiation können freie Radikale (R•) durch den Abbau von Peroxid oder Azoverbindungen, durch thermische Beanspruchung oder Strahlung, erzeugt werden. Die strahleninduzierte Polymerisation hat jedoch noch keine technische Bedeutung erlangt. Geeignete thermische Initiatoren sind organische Peroxide wie Tert-butyl-peroxypivalate, Di(2-ethylhexyl)-peroxydicarbonate, Tert-butyl-peroxyneodecanoate, Benzoylperoxide, Lauroylperoxide und Diazoverbindungen wie 2-2'-Azobisisobutyronitrile. Bild 4.6 zeigt die radikalisch induzierte Polymerisation von Vinylacetat zum Polyvinylacetat.

Grundvoraussetzung für die Initiation ist jedoch, einen ausreichenden Fluss an freien Radikalen erzeugen zu können, um die Polymerisation bei der benötigten Temperatur (normalerweise zwischen 55 und 85 °C bei gleichzeitiger Reflux-Kühlung) aufrecht zu halten.

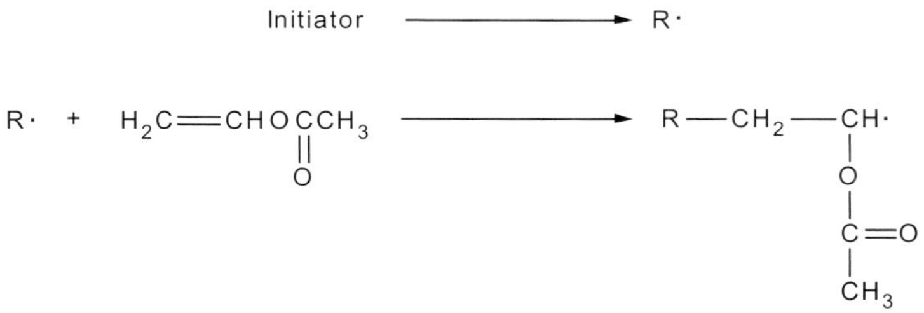

Initiator ⟶ R·

R· + H₂C=CHOCCH₃ (C=O) ⟶ R—CH₂—CH·—O—C(=O)—CH₃

Bild 4.6 Radikalisch induzierte Polymerisation von Vinylacetat zu Polyvinylacetat

b) Propagation (Kettenverlängerungsreaktion):

Bei der Propagation kommt es zu einer Verlängerung der Ketten durch die Anbindung freier Monomere mit Hilfe eines freien Elektronenpaares. Die Propagation tritt fast ausschließlich bei der sogenannten Kopf-Schwanz-Anordnung auf. Die Kopf-Kopf-Anordnung entsteht ebenfalls, jedoch zu wesentlich geringerem Anteil. Das Verhältnis der Anordnung wird u. a. durch die Polymerisationstemperatur beeinflusst. In Bild 4.7 werden sowohl die Kopf-Schwanz- als auch die Kopf-Kopf-Anordnung dargestellt [46].

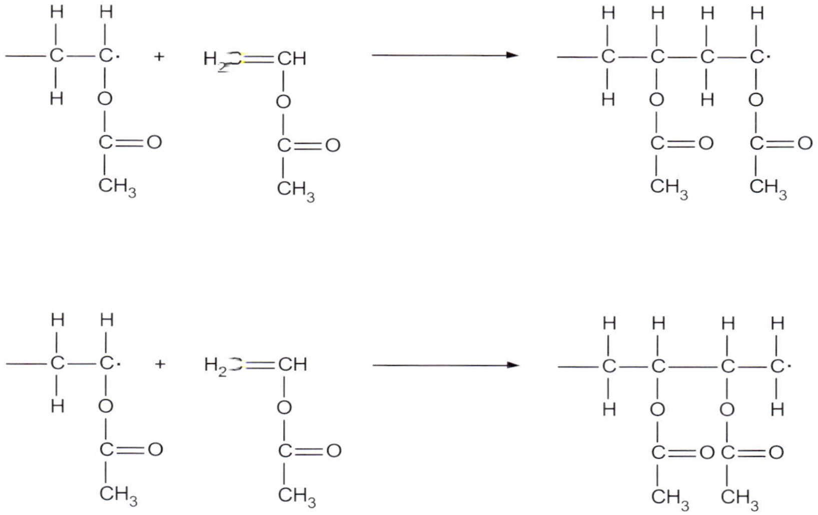

Bild 4.7 Kopf-Schwanz-Anordnung (oben) und Kopf-Kopf-Anordnung (unten)

c) Termination:

Bei der Termination wird die Kettenverlängerung durch eine Abbruchreaktion unterbrochen. Dies geschieht entweder durch das Aufeinandertreffen bzw. Reaktion zweier Radikale miteinander oder durch Disproportionierung. Aus zwei Radikalmolekülen entstehen ein gesättigtes und ein ungesättigtes Molekül. Bei der Disproportionierung erfolgt hier eine Umgruppierung durch Übertragung von Wasserstoff, was zum Abbruch der Reaktion führt (vgl. Bild 4.8). Der resultierende Polymerisationsgrad des PVAc liegt am Ende üblicherweise im Bereich von 300 – 4.500.

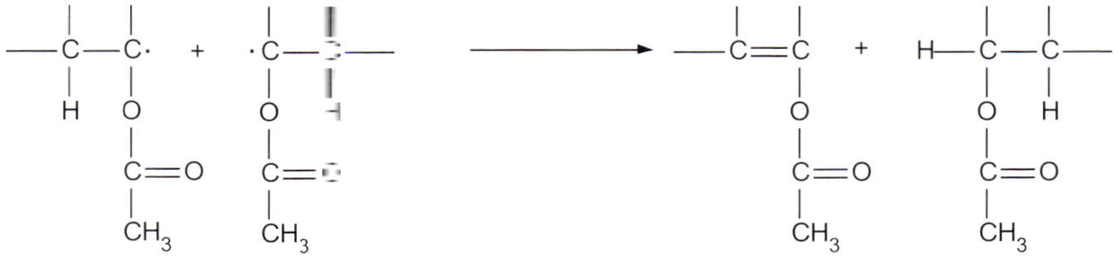

Bild 4.8 Chemische Terminationsreaktion (Disproportionierung) [Quelle: Roempp]

Teilschritt 2: Herstellung von PVAL aus PVAc

Im nächsten Schritt erfolgt eine Verseifung von Polyvinylacetat zu Polyvinylalkohol, die praktisch als Umesterung mit Methanol durchgeführt wird. Je nach Hydrolysegrad wird dabei hauptsächlich zwischen voll- und teilverseiften PVAL-Typen unterschieden. Von teilverseiften Polyvinylalkoholen spricht man, wenn der Hydrolysegrad 88 mol-% (±1 mol-%), von vollverseiften Polyvinylalkoholen, wenn der Hydrolysegrad 98,5 mol-% (±1 mol-%) beträgt.

Der strukturelle Aufbau und die physikalischen Eigenschaften des entstehenden PVAL hängen maßgeblich vom Ausgangspolyvinylacetat (PVAc) und dem verwendeten Herstellungsprozess ab.

Die Umwandlung von PVAc zu PVAL ist der wichtigste Prozessschritt jeder PVAL Herstellung. Es gibt zwei mögliche Herstellungsprozesse, jedoch haben beide das gleiche Grund-

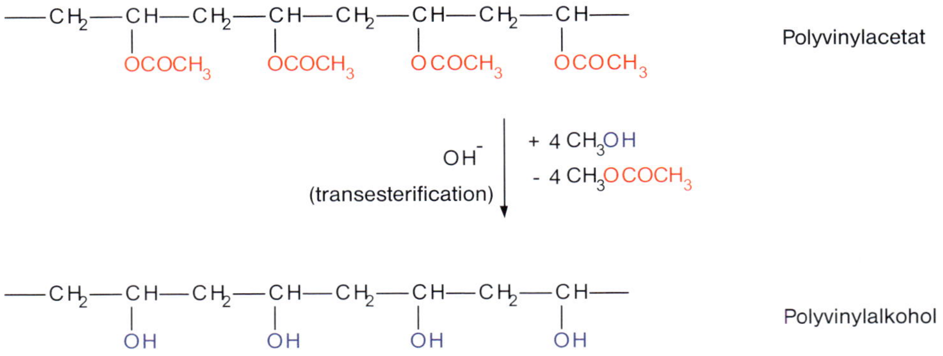

Bild 4.9 Umesterungsreaktion des Polyvinylacetats zu PVAL (Quelle: Kuraray)

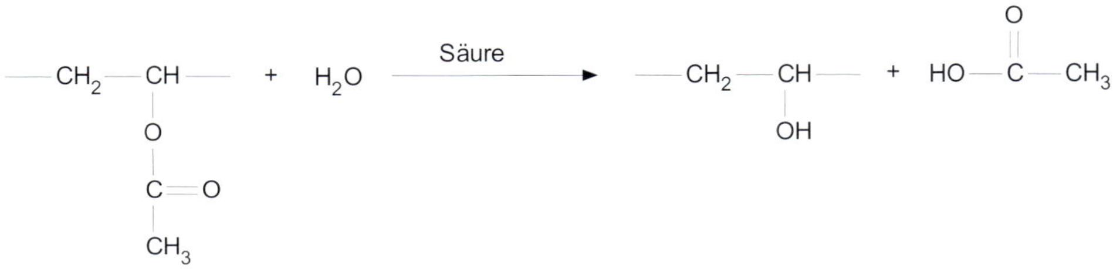

Bild 4.10 Hydrolyse

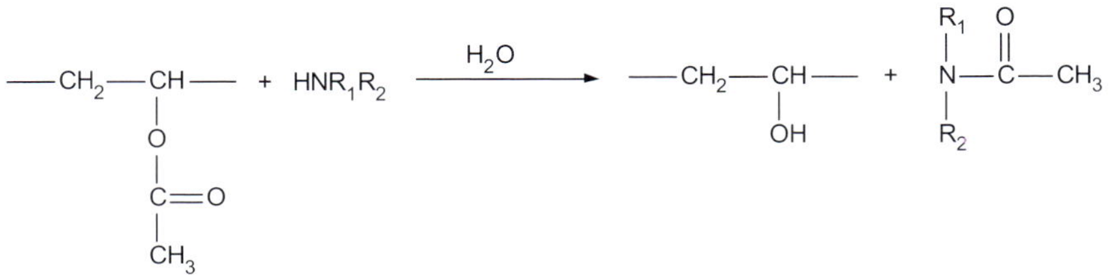

Bild 4.11 Aminolyse

prinzip. In jedem Prozess läuft eine Verseifungsreaktion ab, d. h. eine Umesterung zwischen einem primären Alkohol (meist Methanol) und einem PVAc, die durch eine Säure oder Base katalysiert wird, Bilder 4.9 – 4.11.

Unter Zugrundelegung der Molekülmassen der monomeren Einheiten entstehen so aus 1 t PVAc ca. 0,5 t PVAL.

Wie bereits beschrieben, ist PVAL in Methanol, wie auch in den meisten anderen Lösungsmitteln, die für die Polymerisation von Vinylacetat verwendet werden, unlöslich. Bei der Reaktion entsteht daher eine zweite Phase. Diese ist verantwortlich dafür, dass eine Vielzahl an Maschinen zur industriellen Herstellung von PVAL notwendig ist. Der wichtigste Schritt des gesamten Herstellungsprozesses ist jedoch das Vermischen des PVAc mit dem Katalysator (meist Natriumhydroxid, NaOH) während der Herstellung.

Fast alle Qualitätsunterschiede des erzeugten PVAL, abgesehen von der Qualität des verwendeten PVAc, liegen an den unterschiedlichen Kombinationen der verschiedenen Teilprozesse. Diese sind im Folgenden in Abhängigkeit vom Herstellungsverfahren aufgetragen.

- Batch Verfahren:
  - Herstellung im Kneter
    - Hydrolysekatalysator wird unter Rühren der PVAc-Lösung zugegeben, Reaktion zu einem Gel
- Kontinuierliche Verfahren:
  - Fließband Herstellung
    - schnelle intensive Durchmischung der PVAc- Methanol- Lösung mit dem Katalysator im Mischer, Aufgabe der Lösung auf Fließband, Gelbildung und anschließende Granulierung
  - Herstellung in Suspension
    - gute Durchmischung des PVAc mit Methanol im Mixer, Unterbindung der Gelbildung, Entstehen einer partikelhaltigen PVAL- Methanol- Suspension
  - Extrusionstechnische Herstellung
    - ähnlich der Fließbandherstellung, Reaktion im Extruder, höhere Konzentrationen erzielbar

Durch die unterschiedlichen Arten der Herstellungsprozesse wird eine große Variationsbreite der hergestellten PVAL Typen ermöglicht.

In der Industrie wird, wie beispielsweise bei Fa. Kuraray Europe GmbH, (siehe dazu Abschnitt 8.4.69) die radikalische Polymerisation in Methanol durchgeführt. Hier werden die notwendigen freien Radikale durch Initiatoren in Form von Peroxy- oder Azo-Gruppen bereitgestellt. Die anschließende, katalysierte Umesterung in einem organischen Lösemittel (meist Methanol) erfolgt im Alkalischen. Das Methanol erfüllt dabei verschiedene Funktionen:

- Während der Polymerisation dient es der Kettenübertragung.
- Zusammen mit den Initiatoren und dem monomeren Vinylacetat ermöglicht es die gezielte Herstellung unterschiedlicher Molmassen.

- Durch die Verdampfungskälte gleicht es die bei der Polymerisation entstehende Wärme aus
- Es findet Verwendung bei der Hydrolyse der Polyvinylacetate

Bei industrieller Anwendung sind jedoch hohe Molmassen nur erreichbar, wenn relativ geringe Mengen an Methanol eingesetzt werden und spezielle Herstellbedingungen Anwendung finden. Momentan werden sowohl kontinuierliche als auch diskontinuierliche Verfahren zur Herstellung verwendet.

Bekannte PVAL-Hersteller sind u. a. die Firmen Kuraray (siehe dazu Abschnitt 8.4.69), Wacker (siehe dazu Abschnitt 8.4.125) oder Celanese (siehe dazu Abschnitt 8.4.24).

4.1.1.2 Polyvinylbutyral (PVB)

Wie bereits erwähnt, hat Polyvinylbutyral (PVB) einen großen Anteil am steigenden PVAL-Verbrauch. Neben dem Hauptanwendungsgebiet der Verbundglasfolien findet PVB auch Anwendung:

- in Farben
    - Erhöhung der Pigmentierbarkeit und des Glanzes
- in Klebstoffen
    - Verbesserung der elastischen- und rheologischen Eigenschaften
- als/in Bindemittel
    - binden von Schleifkörpern in Schleifpapier, Einstellen der Viskosität
- bei Druckerpatronen
    - Verringerung der Lösungsviskosität, Verbesserung der Haftung
- in Keramik
    - temporäres Haft- und Bindemittel, das bei Temperaturen zwischen 350–500 °C nahezu rückstandsfrei verbrennt
- im Lack
    - verbesserte Haftfestigkeit und Korrosionsschutz

Herstellung

Um PVB herzustellen, wird PVAc mit verschiedenen Molekulargewichten zu PVAL umgeestert. Anschließend erfolgt die weitere Umsetzung der wässrigen PVAL-Lösung mit Butyraldehyd in mehreren Teilreaktionen in Gegenwart geringer Mengen an Mineralsäure. Es kommt zum Ausfallen von PVB-Agglomeraten, die durch Filtration von der wässrigen Flotte getrennt werden. Nach dem Abfiltrieren muss das PVB nur noch gewaschen und getrocknet werden. Da die Butyralisierung des Polyvinylalkohols u. a. aus sterischen Gründen nicht vollständig abläuft bzw. ablaufen kann, bleiben entsprechende Mengen an Hydroxygruppen aus dem Ausgangspolyvinylalkohol (PVAL) bestehen. Die Anzahl der (Rest-)Acetatgruppen

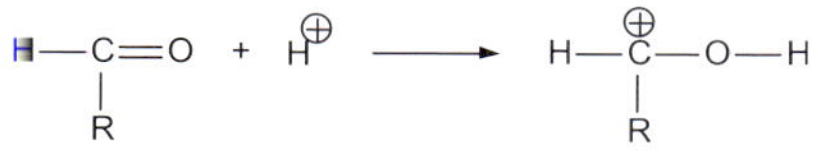

Bild 4.12 PVB-Herstellungsreaktion 1 (Aldehyd)

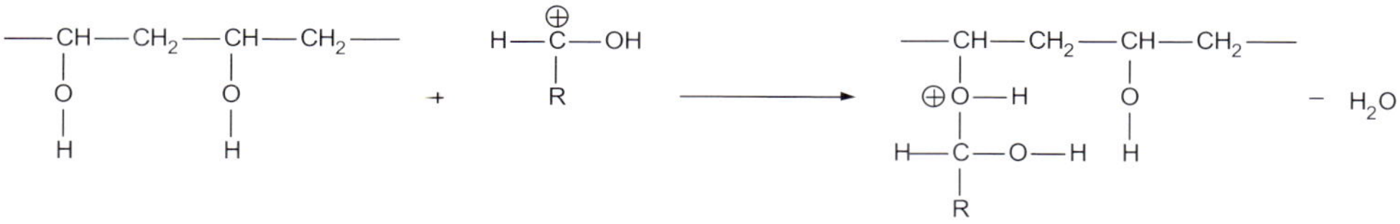

Bild 4.13 PVB-Herstellungsreaktion 2 (PVAL)

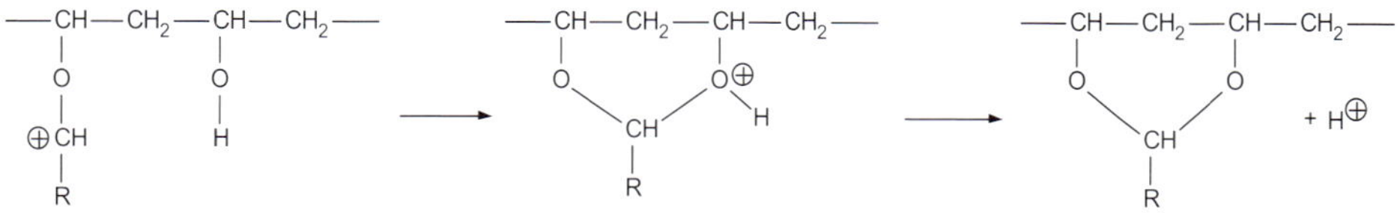

Bild 4.14 PVB-Herstellungsreaktion 3 (PVB)

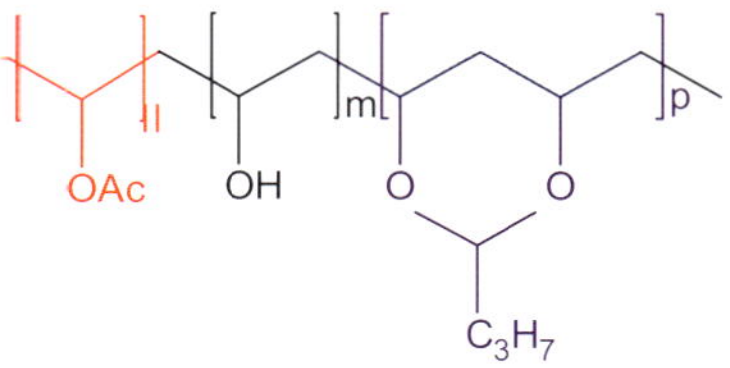

Bild 4.15 Grundsätzlicher Aufbau von PVBs (Quelle: Kuraray)

des eingesetzten Polyvinylalkohols ändert sich bei der Acetalisierung für gewöhnlich nicht. Die Bilder 4.12 – 4.15 zeigen die chemischen Herstellungsschritte, die an die Verseifung des PVAc zu PVAL anschließen.

Da die Butyralisierung nicht vollständig abläuft, bleiben geringe Mengen an Hydroxygruppen sowie Acetylgruppen aus dem Umesterungsprozess des PVAc zu PVAL, übrig. PVBs entsprechen der allg. Formel in Bild 4.15.

Dabei können die Anteile l, m und p zur Modifizierung der PVB-Eigenschaften in weiten Bereichen variiert werden. Üblicherweise liegt der Acetatanteil, (l) bei 1 – 8 Gew.-%, der PVAL-Anteil, (m) bei 11 – 27 Gew.-% und schließlich der PVB-Anteil (p) entsprechend im Bereich von 65 – 88 Gew.-%. Über die verbliebenen Hydroxy-Gruppen sind die PVBs auch leicht vernetzbar.

Grundsätzlich handelt es sich bei PVB im Gegensatz zum nicht weichgemachten PVAL jedoch um ein thermoplastisches Polymer mit folgenden Eigenschaften:

- Gute Löslichkeit in Alkohol und anderen organischen Lösungsmitteln
- Gutes Filmbildungsvermögen
- Sehr hohe Zähigkeit
- Gute Lichtbeständigkeit
- Gute Kompatibilität mit vielen anderen Polymeren
- Leicht vernetzbar
- Hohes Öladsorptionsvermögen
- Lebensmittelrechtlich zugelassen

Aufgrund des hohen Acetalanteils verliert PVB jedoch seine Wasserlöslichkeit und auch seine biologische Abbaubarkeit. Da es zudem über den Umweg vom Polyvinylacetat und Polyvinylalkohol erzeugt wurde, basiert es auch nicht auf nachwachsenden Rohstoffen. Im Zusammenhang mit PVB ist es daher nicht richtig, von einem Biopolymer zu sprechen. Da PVB jedoch direkt auf PVAL basiert und bei geringem Acetal- bzw. hohem PVAL-Anteil noch partielle Eigenschaften von PVAL aufweist, wird es hier kurz beschrieben.

4.1.1.3 Polycaprolacton (PCL)

Die wichtigsten Hersteller von Polycaprolacton (PCL) sind derzeit DOW Chemicals und Perstorp (siehe dazu die Abschnitte 8.4.36 und 8.4.87). Ein auf PCL und einem anderen Polyester basierendes Biopolymer-Blend wird von der Fa. Polyfea angeboten.

Das Polymer wird durch Ringöffnungspolymerisation aus ε-Caprolacton (6-Hydroxyhexansäurelacton, 6-Hexanolid oder Oxepan-2-on) hergestellt, wobei ein Diol, d. h. ein zweiwertiger Alkohol und Zinn(II)- bzw. Zinn(IV)-Salze als Initiator dienen.

Das Monomer ε-Caprolacton wird großtechnisch durch die Umsetzung von Cyclohexanon mit Peroxyessigsäure erhalten. Analog zum Polycaprolactam, das unter dem Namen Polyamid (PA 6) bekannter ist und aus Caprolactam durch Ringöffnungspolymerisation hergestellt wird, enthält Polycaprolacton 5 CH_2-Gruppen zwischen den Verknüpfungsstellen. Beim PCL werden diese Verknüpfungsstellen jedoch aus CO-O-, beim PA aus CO-NH-Gruppen (Amidgruppen) gebildet.

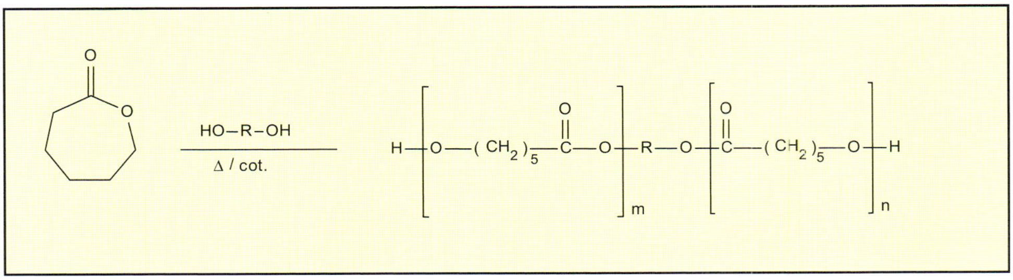

Bild 4.16 Ringöffnungspolymerisation von Polycaprolacton

4.1.1.4 Sonstige

Neben PVAL gibt es auch auf Basis der chemischen Synthese petrochemischer Rohstoffe noch weitere wasserlösliche Polymere, wie z. B. die Polyether *Polyethylenoxide (PEOX)*, das meist selbst bei höheren Molekulargewichten noch flüssige *Polypropylenoxide (PPOX)* oder *Polyvinylpyrrolidone (PVP)*. Bei diesen Polymeren kommt es zwar auch beim Lösevorgang in Wasser zu einer makroskopischen Werkstoffdissoziation und möglicherweise auch zu einem partiellen Primärabbau, jedoch sind die resultierenden Molekülfragmente meist nicht bzw. nur sehr langsam vollständig bioabbaubar. Bei den wasserlöslichen Polymeren fällt die Unterscheidung zwischen nicht, partiell oder vollständig bioabbaubaren sowie kompostierbaren Biopolymeren besonders schwer.

Der Vollständigkeit halber soll an dieser Stelle auch erwähnt werden, dass es neben den dargestellten Werkstoffen noch verschiedene weitere meist petrochemisch basierte Biopolymere, wie z. B. verschiedene *Polyether-Ester-Copolymere* (z. B. Polydioxanone) gibt. Der einfachste u. a. als chirurgisches Nahtmaterial eingesetzte lineare aliphatische Ester ist *Polyglycolidacid (PGA)*. Daneben gibt es verschiedene *Polyglykole* (z. B. *Polyethylenglykol = PEG*) oder auch *Polylactid-Glykol d-Copolymere (PLAPGA-Copolymere)*, die derzeit jedoch oft nur als Blendkomponente eingesetzt werden und noch keine mengenmäßig bedeutsame Rolle auf dem Markt spielen.

Die eindeutige Zuordnung dieser Biopolymere zur Gruppe der Polymerwerkstoffe auf Basis einer chemischen Synthese petrochemischer Rohstoffe ist jedoch nicht immer korrekt, da für diese Werkstoffe teilweise auch unterschiedliche biobasierte Rohstoffe oder Polymere eingesetzt werden können. Im Falle eines Copolymers aus biobasierter Glykolsäure in Kombination mit PLA handelt es sich beispielsweise um ein chemisch synthetisiertes Biopolymer, welches auf biogenen Rohstoffen basiert (siehe folgenden Abschnitt 4.1.2).

4.1.2 Chemische Synthese biobasierter Rohstoffe

4.1.2.1 Polylactide (PLA)

In dieser Gruppe ist derzeit mit großem Abstand das auf Milchsäure basierende Polylactid (PLA oder PolyLacticAcid) das mengenmäßig wichtigste Biopolymer. Milchsäure (2-Hydroxypropionsäure) ist eine ubiquitäre, natürliche, in den zwei optisch aktiven Formen der L(+)- und D(−)-Milchsäure vorkommende Säure. Neben ihrem Einsatz als Biopolymerbaustein wird sie technisch insbesondere auch als Säuerungsmittel, Geschmacksstoff und Konservierungsmittel in der Lebensmittelindustrie, der Textil-, der Leder- und der pharmazeutischen Industrie sowie als Ausgangsstoff zur Synthese einer Vielzahl von weiteren Chemikalien wie z. B. Acetaldehyd verwendet.

Etwa 70 – 90 % des Weltproduktionsvolumens an Milchsäure wird auf fermentativem Wege hergestellt [41], [93], [144]. Unter Fermentation wird allgemein die Umsetzung von biologischen Materialien mit Hilfe von Bakterien-, Pilz- oder Zellkulturen oder aber durch Zusatz von Enzymen verstanden. In Bioreaktoren (Fermentern) werden dazu optimierte Bedingungen (Temperatur, Nährstoffangebot, pH-Wert, Sauerstoffgehalt und andere) eingestellt, unter denen die Mikroorganismen großtechnisch Stoffe synthetisieren, die sich auf rein chemischem Wege nur schwer bzw. gar nicht herstellen lassen. So werden heute neben den Rohstoffen für Biopolymere auch einige medizinisch interessante Produkte wie beispielsweise Insulin, Hyaloronsäure, Streptokinase und eine Vielzahl von Antibiotika (z. B. Penicillin) mit Hilfe der Fermentation erzeugt.

Der biotechnologische Herstellungsweg für die Milchsäure und die anschließende Erzeugung des Polylactids ist jedoch mit einem gewissen verfahrenstechnischen Aufwand verbunden (vgl. Bild 4.17) und bestimmt, neben den Substratkosten, daher auch wesentlich die Herstellkosten [59], [64], [79]und die Ökobilanz [102], [131], [144]. Durch Optimierung der Prozesstechnik sowie Steigerung der Ausbeute und durch Skalierungseffekte konnte der Preis für PLA in den letzten 15 Jahren von ursprünglich deutlich über 10 Euro/kg auf Werte um die 1,5 – 2,0 Euro/kg reduziert werden. Eine weitere signifikante Senkung der Herstellkosten scheint für die Zukunft insbesondere über eine Reduzierung der Rohstoffkosten, d. h. Einsatz von biogenen Rest- oder Abfallstoffen wie z. B. Molke, Melasse oder lignocellulosehaltigen Abfälle möglich. In diesem Bereich liegen jedoch deutlich weniger umfangreiche Erfahrungen vor als beim Einsatz von glucose- oder stärkehaltigen Substraten.

Der wesentliche Vorteil beim PLA liegt insbesondere auf der effizienten mikrobiologischen „Veredelung" eines breiten biogenen Rohstoffbandes zuckerhaltiger Nährstoffe zu Milchsäure mit Umsatzraten von mehr als 95 % des eingebrachten Kohlenstoffs. Bezogen auf das Endprodukt PLA beträgt der Umsatz mehr als 70 % [49], [79], [100]. Geht man beispielsweise von Maisstärke aus, so können mit einem Hektar 2 – 4 t PLA erzeugt werden.

Ein weiterer Vorteil ist sicher auch das resultierende Eigenschaftsprofil der Polylactide. Im Vergleich zu den meisten anderen Biopolymeren haben die Polylactide ein technisch schon recht ausgereiftes Eigenschaftsprofil hinsichtlich der Verarbeitungs- und Gebrauchseigenschaften. Zudem ist PLA neben den stärke- und cellulosebasierten Biopolymeren ein Werkstoff, der inzwischen im Vergleich zu den konventionellen Polymeren auch zu konkurrenzfähigen Preisen auf dem Weltmarkt verfügbar ist.

Herstellungsprozess

Grundsätzlich gibt es eine Vielzahl von Mikroorganismen, die zur biotechnologischen Erzeugung von Milchsäure befähigt sind. Im Rahmen der industriellen Milchsäureproduktion werden insbesondere grampositive, nicht-sporenbildende, fakultativ anaerobe homo- und heterofermentative Milchsäurebakterien eingesetzt. Bei der fermentativen Milchsäureerzeugung entstehen spezifische optisch aktive Formen der Milchsäure. Während bei den in der Regel nicht so produktiven homofermentativen Milchsäurebakterien das alleinige Fermentationsprodukt L(+)-Milchsäure ist, erzeugen heterofermentative Lactobakterien ein racemisches Gemisch aus L- und D-Milchsäure mit einem dominierenden D-Anteil. Das Verhältnis zwischen L- und D-Milchsäure hängt dabei im Wesentlichen von der Bakterienkultur selbst und deren Alter sowie dem pH-Wert ab [6], [49], [64], [67].

Die durch synthetische Produktion erzeugte Milchsäure ist immer eine racemische Mischung, d. h., sie ist optisch immer inaktiv. Synthetische Milchsäure wurde in nennenswerten Mengen seit den 60er-Jahren mittels unterschiedlicher Herstellrouten produziert. Da die fermentativen Prozesse inzwischen kostengünstiger sind und die Nachfrage nach natürlich hergestellter Milchsäure angestiegen ist werden heute jedoch nur noch kleinere Mengen an Milchsäure insbesondere in Asien noch synthetisch hergestellt.

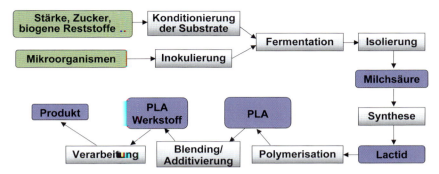

Bild 4.17 Prozessschritte zur Erzeugung von Polylactidwerkstoffen und -bauteilen

Zur fermentativen Erzeugung der Milchsäure als Polymerrohstoff werden den Bakterien als Nährstoffquelle verschiedenste Kohlenhydrate, z. B. kurzkettige Saccharide wie Glucose, Saccharose, Maltose, Laktose oder Stärke (die enzymatisch verzuckert wird) angeboten, die dann bei der Fermentation zu Milchsäure verstoffwechselt werden.

Bild 4.17 gibt einen Überblick über die einzelnen Herstellschritte.

Substratkonditionierung

Im Rahmen der biotechnologischen Herstellung erfolgt zunächst eine Konditionierung und ggf. Vorbehandlung der Substrate, wie z. B. eine (enzymatische) Hydrolyse von Stärke. Parallel zur Substratbereitstellung und -aufbereitung erfolgt im optimalen Falle eine Vorfermentation, die sogenannte Inokulation, in der sich zunächst die später milchsäureerzeugenden Mikroorganismen unter entsprechend optimierten Bedingungen, insbesondere hinsichtlich des Nährstoffangebots, d. h. zusätzliche N-Quellen wie z. B. Hefe-, Fleisch- oder Malzextrakt, vermehren.

Milchsäurefermentation

In der anschließenden Hauptfermentation erfolgt dann unter anaeroben Bedingungen und Zuführung des Substrates bei konstantem pH-Wert die Erzeugung der Milchsäure als Rohstoff.

Milchsäureisolierung

Die anschließende Isolierung der Milchsäure erfolgt dabei derzeit meist mittels einer Neutralisationsreaktion, bei der zunächst eine Base, wie z. B. $Ca(OH)_2$ zugeführt wird und nach weiteren Filtrationsprozessen im nächsten Schritt dann mittels Schwefelsäure aus der wässrigen Calciumlactatlösung neben großen Mengen an Calciumsulfat die Milchsäure entsteht. Zur pH-Wert-Stabilisierung stellen jedoch NH_4CO_3 oder $CaCO_3$ bessere Alternativen dar. Sie führen zur Bildung von Ammoniumsulfat als Dünger oder zu gasförmigem CO_2. Die Milchsäure wird anschließend u. a. durch Ultra- und Nanofiltrationsverfahren gereinigt und zu einer ca. 80 %igen Lösung aufkonzentriert [64], [144].

Eine andere noch günstigere Methode, an der zur kontinuierlichen Isolierung der Milchsäure noch gearbeitet wird, führt über eine Mikrofiltration und Elektrodialyse mit speziellen bipolaren Membranen aus der flüssigen Phase.

Aufgrund der vergleichsweise hohen Membrankosten wird auch zur Abtrennung der Milchsäure von der Kulturbrühe überwiegend eine CO_2-gestützte Trialkylaminextraktion eingesetzt werden. Dieses Verfahren wird derzeit von Cargill, soweit bekannt ist, favorisiert.

Synthese/Polymerisation

Aus der Milchsäure werden dann durch eine sogenannte Oligokondensation niedermolekulare Prepolymere (DP = 30 – 70, d. h. M_n < 5.000 g/mol) erzeugt, die dann bei höheren Temperaturen und reduzierten Drücken zu Dilactiden depolymerisiert werden. Aufgrund der enantiomeren Konfigurationsisomerie der Milchsäure entsteht dabei, wenn keine besonderen Vorkehrungen getroffen werden, ein stereoisomeres Gemisch aus Meso-(Di-)Lactiden mit einem höheren L-Anteil (Bild 4.18).

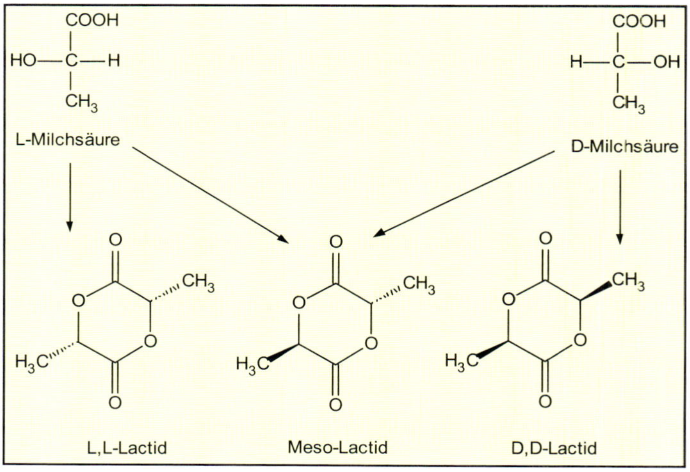

Bild 4.18 Mesolactid, als Ausgangsrohstoff für PLA

Im nächsten Schritt wird dann mittels einer temperatur- und druckunterstützten, katalysatorgesteuerten (organometallische Verbindungen wie z. B. Zinnoctoat) sogenannten Ringöffnungspolymerisation – unter vakuumtechnischer Entfernung (Vakuumdestillation) der nicht polymerisierten Monomere (Entmonomerisierung) – das hochmolekulare Polylactid (DP = 700 – 15.000, d. h. $M_n \gg$ 50.000 g/mol) erzeugt (Bild 4.19).

Bei diesem verfahrenstechnisch aufwendigen Prozessschritt der Ringöffnungspolymerisation erfolgt ein Anstieg der Viskosität von Werten < 1 Pa s (Monomer) auf Werte < 10^3 Pa s (Polymer). Dazu werden in der Regel konventionelle Rührkesselkaskaden und aus der Polyesterchemie bekannten Horizontalreaktoren eingesetzt. Darüber hinaus gab es und gibt es immer wieder Forschungsarbeiten, deren Ziel die reaktive Extrusion, d. h. die Darstellung einer kontinuierlichen Ringöffnungspolymerisation in gleichläufigen Doppelschneckenextrudern ist. Der Schwerpunkt liegt dabei aufgrund der begrenzten Verweilzeit im Extruder auf der Untersuchung möglichst hochreaktiver Katalysatoren und der Erzeugung ver-

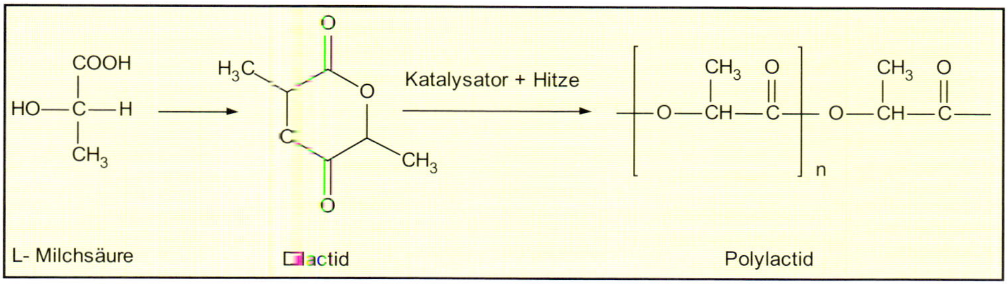

4.1 Herstellung von Biopolymeren

Bild 4.19 Ringöffnungspolymerisationsreaktion von Polylactid

schiedenster PLA-Copolymere. Obwohl dabei grundsätzlich die Polymerisation im Extruder erfolgreich durchgeführt und hinsichtlich der Effizienz der Katalysatoren Verbesserungen erzielt wurden, waren die Ergebnisse bisher nicht ausreichend dafür, dass eine industrielle Umsetzung erfolgen konnte.

Die am Ende entstehende Mikrostruktur (Konformation) des PLAs und damit die resultierende Produktqualität (Kristallinität, mechanische Kennwerte, T_g) kann neben der kostspieligen Erzeugung reiner Monomere bzw. Dimere (L,L-Lactid, D,D-Lactid, vgl. Bild 4.18) oder der Aufreinigung der racemischen Gemische als Ausgangsmonomere auch teilweise durch die kontrollierte Ringöffnungspolymerisation (vgl. Bild 4.19) beeinflusst werden. Wie bei konventionellen Polymeren führt auch beim PLA ein zunehmender Polymerisationsgrad und eine zunehmende Kristallinität grundsätzlich zu einer Zunahme der Festigkeit, des elastischen Verformungswiderstandes, des Quellwiderstandes, der Glasübergangs- und der Schmelztemperatur.

Ein anderer Weg zur Polymerisation der Milchsäure, der in Japan insbesondere von Mitsui favorisiert wird, ist die direkte Erzeugung eines hochmolekularen PLAs aus Milchsäure mittels einer Polykondensationsreaktion in einem (organischen) Lösemittel. Das Lösemittel dient dabei insbesondere auch zur Aufnahme und zum Abtransport des bei dem Kondensationsprozess entstehenden Wassers.

Gegenüber der Ringöffnungspolymerisation ist dieser Einsatz eines Lösemittels ein Nachteil, da dadurch die Einbindung in eine entsprechende Chemieanlage erforderlich ist. Ohne Lösungsmittel sind jedoch die Reaktionszeiten zu lang und die resultierenden Molekulargewichte zu niedrig. Die Kosten der PLA-Kondensationsreaktion liegen derzeit auch etwas oberhalb der Kosten der Ringöffnungspolymerisation. Höhere Molekulargewichte und reinere Polymere, die nach der Rekristallisation aus dem Lösemittel weder Katalysatorreste noch Fremdstoffe enthalten, sind dagegen die Vorteile des Polykondensationsverfahrens gegenüber der Ringöffnungspolymerisation. Die Ringöffnungspolymerisation zeichnet sich dagegen dadurch aus, dass keine niedermolekularen Komponenten während der Polymerisation entfernt werden müssen und die Ringöffnungspolymerisation sowohl im Batch- als auch im kontinuierlicher Reaktorverfahren durchgeführt werden kann, (z. B. Nukleierungsmittel, Stabilisatoren).

Durch abschließende Compoundierung des PLAs und Zugabe weiterer Additive und/oder Blendkomponenten entsteht dann der Polymerwerkstoff Polylactid (PLA) in der kommerziellen Granulatform. Um das PLA-Granulat z. B. gegen eine erhöhte Feuchteaufnahme nach der Herstellung zu stabilisieren, erfolgt meist noch durch eine entsprechende Prozessführung eine Nachkristallisation des PLAs. Im kristalinen Zustand ist die chemische Stabilität vom PLA im Vergleich zum amorphen PLA höher und z. B. die Wasseraufnahme, das Quellverhalten oder auch die Geschwindigkeit des biologischen Abbaus geringer.

Neben der Erzeugung der PLA-Homopolymere gibt es auch verschiedene Ansätze zur Erzeugung unterschiedlicher PLA-Copolymere mit modifizierten Eigenschaftsprofilen durch die Einpolymerisierung verschiedener Esterverbindungen, z. B. auf Basis von Glykolsäure bzw. Polyglykoliden oder Caprolacton bzw. Polycaprolactonen.

Derzeit ist der einzige industrielle Hersteller größerer PLA-Mengen die Fa. NatureWorks LLC (siehe dazu Abschnitt 8.4.81). Als Rohstoff verwendet NatureWorks überwiegend Mais von gentechnisch modifizierter Maispflanzen. Seit 2007 besteht zwischen NatureWorks LLC und Teijin Limited (siehe dazu Abschnitt 8.4.112) ein 50/50 Joint Venture.

Daneben gibt es noch weitere Hersteller von kleineren Mengen PLA und/oder speziellen PLA-Typen insbesondere in Asien, wie z. B. Toyota (siehe dazu Abschnitt 8.4.118), Toray (Abschnitt 8.4.116), Hisun Biomaterial (siehe hierzu Abschnitt 8.4.54), Purac oder Durect Corporation (siehe hierzu die Abschnitte 8.4.97 und 8.4.40; medizinisches PLA) sowie einige Unternehmen, die derzeit Milchsäure- sowie PLA-Produktionskapazitäten aufbauen.

4.1.2.2 Bio-Co- und Terpolyester

Neben dem industriell hergestelltem Polylactid gibt es eine Reihe weiterer Polyester, welche auf Basis biogener Rohstoffe erzeugt werden können. In den meisten Fällen werden diese Polyester aus einem zweiwertigen Alkohol (HO-C_nH_m-OH) und einer Dicarbonsäure (HOOC-C_nH_m-HOOC) oder einem daraus erzeugtem Ester hergestellt.

a) Alkoholkomponente

Als Alkoholkomponente werden meist Propandiole (PDO), wie z. B. *2,2-Dimethyl-1,3-Propandiol* (Bild 4.20e) oder insbesondere *1,3-Propandiol bzw. Trimethylglykol* (Bild 4.20f) oder auch *1,2-Propandiol bzw. Propylenglykol* (Bild 4.20g) sowie verschiedene Butandiole (BDO) wie *2,3-Butandiol* (Bild 4.20d) oder *1,4-Butandiol* (Bild 4.20c), eingesetzt.

2,3-Butandiol ist eine weltweit bedeutende Basischemikalie, welche z. B. als Treibstoffzusatz, Frostschutz- oder Lösemittel eingesetzt werden kann. Seine Umwandlung zu 1,3-Butadien als Baustein für Synthesekautschuk ist ebenfalls von großer Bedeutung. Eine weitere wichtige Anwendung ist sein Einsatz als Baustein zur Polybutylen-Terephthalat Herstellung und zur Polyurethanerzeugung. In modifizierter Form kommt es auch in der Lebensmittelindustrie sowie in vielen weiteren Bereichen (z. B. als Lösungsmittel) zum Einsatz.

In der Vergangenheit wurde 2,3-Butandiol ausschließlich auf petrochemischen Weg erzeugt, obwohl seit Langem bekannt ist, dass es auch fermentativ erzeugt werden kann. Verschiedenste Bakterien scheiden als Endprodukt Butandiol aus. Prinzipiell kann zur Fermentation jedoch ein breites Spektrum an Substraten wie z. B. Hexosen, Pentosen, Zuckeralkohole, Glycerin, Stärke- und Cellulosehydrolysate, Melasse, Molke und andere verwendet werden. Je nach Wahl des Produktionsorganismus, der Kultivierungsbedingungen und des Substrats werden dabei verschiedene Stereoisomere des 2,3-Butandiols gebildet. Zur wirtschaftlichen fermentativen Erzeugung von 2,3-Butandiol muss zukünftig jedoch insbesondere noch die vollständige und effiziente Verstoffwechselung von lignocellulosehaltigen Substraten und die effiziente Abtrennung des 2,3-Butandiols weiter optimiert werden.

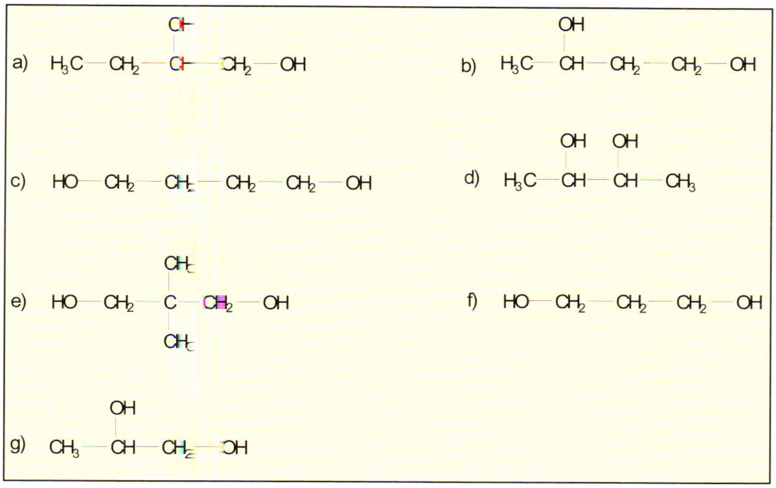

Bild 4.20 Butandiole (a–d) und Propandiole (e–g)

Auch 1,4-Butandiol kann als Bio-1,4-Butandiol aus biobasierter Bernsteinsäure durch eine katalytische Umsetzung erzeugt werden. Üblicherweise wird jedoch Butandiol als wichtige Ausgangskomponente für verschieden Polyester, wie insbesondere z. B. PET, auf petrochemischer Basis erzeugt. Meist wird dazu zunächst in einer Reaktion von Ethin mit Formaldehyd in wässriger Lösung Butindiol hergestellt, welches dann durch Hydrierung weiter zu 1,4-Butendiol und zu 1,4-Butandiol umgesetzt wird (Bild 4.21).

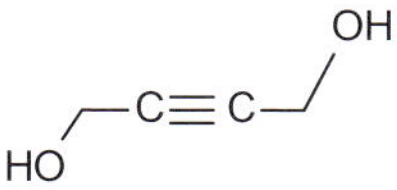

Bild 4.21 2-Butin-1,4-diol

Bis vor wenigen Jahren wurde auch 1,3-Propandiol ausschließlich auf petrochemischer Basis erzeugt. Insbesondere die Kommerzialisierung des neuen konventionellen Polyesters Polypropylenterephthalat (PPT), als Synonym auch als Polytrimethylenterephthalat (PTT) bezeichnet, führte zu einer verstärkten Nachfrage nach 1,3-Propandiol. Dadurch ist auch das Interesse an einer Möglichkeit zur Erzeugung von biobasiertem PDO (Bio-PDO) gewachsen. Es ist jedoch kein natürlich vorkommender Organismus bekannt, der alleine den gesamten Syntheseweg bis zur direkten PDO-Erzeugung aus Glucose ausführen kann. Dagegen sind einige Mikroorganismen aus der Gruppe der Enterobakterien sowie der Clostriden bekannt, die zur Umwandlung von Glycerin in PDO in der Lage sind. Da industrielles Rohglycerin durch die bei der Umesterung freigesetzten Salze signifikante Hemmwirkungen auf das Zellwachstum ausübt, ist der Einsatz von reinem Glycerin erforderlich. Diese höherwertigen Glycerinqualitäten sind jedoch als Ausgangsstoff für eine großtechnische PDO-Herstellung zu teuer [142], [144].

Der zweistufige Prozess der fermentativen Glycerinerzeugung mit anschließender Fermentation ist ebenfalls zu aufwendig und kostenintensiv.

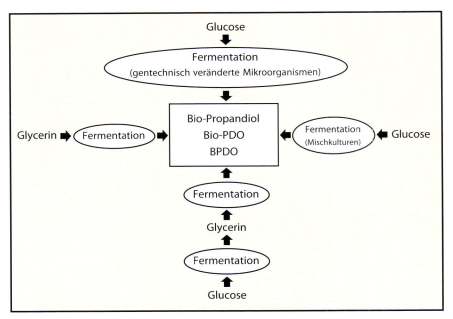

Bild 4.22 Grundsätzliche Möglichkeiten zur Erzeugung von Bio-Propandiol

Eine weitere Möglichkeit ist die Erzeugung von Bio-Propandiol durch Mischkulturen, in denen eine fermentative Glycerinerzeugung und die weitere Umwandlung des Glycerins in Alkohol parallel erfolgen. Dieses Verfahren ist jedoch insbesondere aufgrund zu geringer Durchsatzmengen bzw. Umsatzraten noch unwirtschaftlich.

Von DuPont (siehe hierzu Abschnitt 8.4.38) wird daher ein gentechnisch veränderter Organismus eingesetzt, der zur direkten Umwandlung von Glucose in PDO als Ausgangsstoff zur Herstellung eines Bio-Polyesters in der Lage ist.

Ein wesentlicher Schwerpunkt bei der Entwicklung kommerziell nutzbarer Bioethanol-Fermentationsverfahren liegt auch in der Etablierung kosteneffizienter Aufreinigungsverfahren zur Propandiolisolierung.

Ein weiteres aktuelles Forschungsgebiet ist der Einsatz von Bio-PDO im Bereich thermoplastischer Elastomere.

Auch bei anderen Alkoholen gibt es Bemühungen zur biotechnologischen Herstellung. Hier ist jedoch die Entwicklung noch nicht soweit vorangeschritten, dass eine großtechnische Umsetzung erfolgt ist oder es gibt, wie z. B. beim 1,2-Propandiol konkurrierende, sehr einfache und preiswertere Verfahren auf petrochemischer Basis. Würde es z. B. gelingen Ethylenglykol ($HO\text{-}(CH_2)_2\text{-}OH$) wirtschaftlich auf biotechnologischen Wege herzustellen, so könnte man daraus dann sogar ein partiell biobasiertes PET erzeugen.

b) Säurekomponente

Die wichtigsten Monomereinheiten als Copolymer-Baustein für diese Biopolymere sind außer den unter a) beschriebenen zweiwertigen Alkoholen die Carbonsäuren wie die

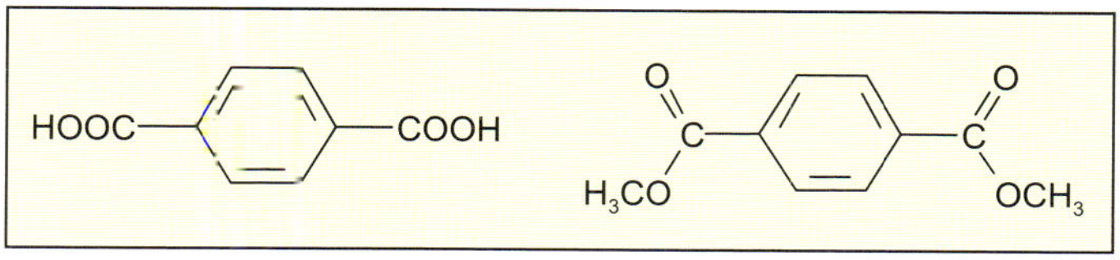

Bild 4.23 Terephthalsäure (links) und Dimethylterephthalat (rechts)

Terephthalsäure, die Bernstein- (HOOC-$(CH_2)_2$-COOH) und die Adipinsäure (HOOC-$(CH_2)_4$-COOH). Während bei den so bezeichneten Bio-Polyestern die aliphatische Alkoholkomponente meist biogenen, d. h. fermentativen Ursprungs ist, handelt es sich bei der zweiten Reaktionskomponente nach wie vor noch bevorzugt um petrochemisch basierte Dicarbonsäuren wie die Terephthalsäure oder Terephthalsäuredimethylester (Dimethylterephthalat), Bild 4.23.

Die Bernsteinsäure als zweite aliphatische Copolymerkomponente kann dagegen auch bereits im F&E-Maßstab biotechnologische beispielsweise auf Basis von Stärke, Zucker oder Glycerin hergestellt werden, jedoch muss die Effizienz zur biotechnologischen Bernsteinsäureherstellung weiter optimiert werden. Optimierungsbedarf besteht zurzeit insbesondere im Hinblick auf das langsame Wachstum der zur Bernsteinerzeugung geeigneten Mikroorganismen, geringe Raum-Zeit-Ausbeuten bei der biotechnologischen Bernsteinsäureproduktion und dem notwendigen Einsatz kostenintensiver Medien. Derzeit wird Bernsteinsäure daher auch überwiegend noch petrochemisch aus Butan über Maleinsäureanhydrid in der Größenordnung von 15.000 – 20.000 Jahrestonnen hergestellt [93].

Bei einer fermentativen Herstellung wird die Bernsteinsäure während einer gemischten Säurefermentation zusammen mit Lactat, Ethanol, Acetat und Formiat gebildet. Unter den fermentativ herstellbaren Carbonsäuren wird der Bernsteinsäure, ähnlich wie Ethanol, Milch- oder Zitronensäure, am ehesten das Potenzial zugemessen, zukünftig zu einer biotechnisch hergestellten C4-Baschemikalie für Polymere und andere Anwendungen werden zu können. Dabei wird auch die Verwendung zucker-, stärke- und insbesondere lignocellulosehaltiger Agrarrohstoffe als Substrat angestrebt.

Werden neben den Bio-Alkoholen als Säurekomponente z. B. Terephthalsäure oder Dimethylterephthalat eingesetzt, so handelt es sich bei den resultierenden Polyalkylenterephthalaten um aliphatisch-aromatische Polyester während es sich bei den Polyestern aus aliphatischen, petro- oder biobasierten Dicarbonsäuren und Diolen um vollständig aliphatische Bio-Polyester handelt. Die Polymerisationsprozesse entsprechen denen der bekannten petrochemischen Estern wie PET oder PBT. Die genaueren chemischen Strukturen der wichtigsten aliphatischen und aromatischen Bio-Co und -Terpolyester sind in Abschnitt 4.2.4 dargestellt.

Als stellvertretendes Beispiel für die grundsätzlich resultierende Struktur dieser Bio-Copolyester ist in Bild 4.24 das PTT (Polytrimethylen-Terephthalat-Copolyester = aliphatisch-aromatischer Copolyester aus Terephthalsäure und Bio-Propandiol) und in Bild 4.25 das PBAT (Polybutylen-Adipat-Terephthalat = aliphatisch-aromatischer Terpolyester aus Adipinsäure, Terephthalsäure und Butandiol) exemplarisch dargestellt.

In Abschnitt 4.2.4 ist der chemische Aufbau der wichtigsten Bio-Copolyester und -Terpolyester ausführlicher dargestellt.

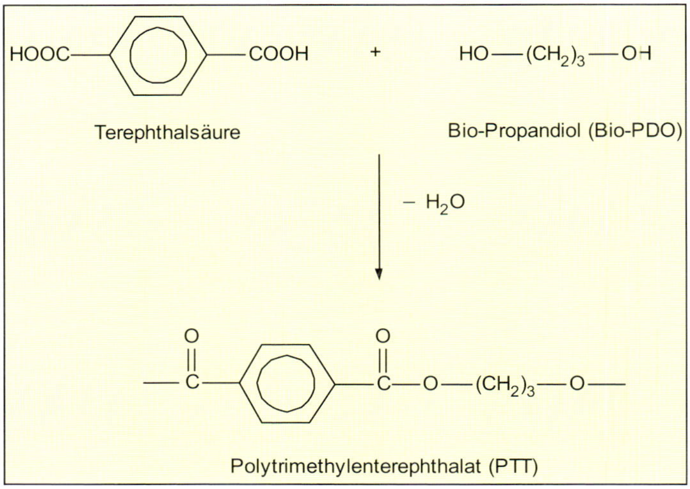

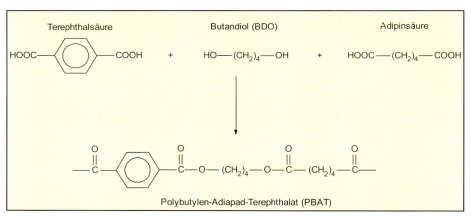

Bild 4.24 Synthesebausteine des Copolyesters Polytrimethylenterephthalat (PTT)

Bild 4.25 Synthesebausteine des Terpolyesters Polybutylen-Adiapat Terephthalat (PBAT)

Da auch diese Polyester je nach Zusammensetzung und Rohstoffbasis unterschiedliche Anteile an biobasierten Werkstoffkomponenten in sich tragen und gleichzeitig auch die biologische Abbaubarkeit sehr unterschiedlich ist, lässt sich bei dieser Polymerfamilie keine klare Grenze definieren, ab der nicht mehr von Bio-Polyestern gesprochen werden sollte.

Die Verarbeitungs- und Gebrauchseigenschaften dieser Bio-Copolyester sind in Abhängigkeit der eingesetzten Monomeren grundsätzlich denen vom petrochemischen PET und PBT ähnlich.

Diese Bio-Polyester werden noch nicht in industriellen Maßstäben hergestellt, aber einige von ihnen sind bereits kommerziell verfügbar oder stehen kurz vor der Markteinführung, wie z. B. das derzeit noch vollständig petrochemisch basierte Bionolle von der kanadischen

Firma Showa Denko (siehe dazu Abschnitt 8.4.103) oder das zu ca. ⅓ auf biogenen Propandiol basierende Sorona von DuPont (siehe dazu Abschnitt 8.4.38). Beim Sorona wird die alkoholische Ausgangskomponente Propandiol mittels gentechnisch modifizierter Bakterien in einem Prozessschritt aus Glucose erzeugt und als Bio-Propandiol oder kurz Bio-PDO bezeichnet. Zur industriellen Produktion von Bio-PDO wurde 2004 beispielsweise ein Joint Venture zwischen DuPont und Tate&Lyle (siehe dazu Abschnitt 8.4.110) mit dem Namen DuPont Tate & Lyle Bio Products LLC (siehe dazu Abschnitt 8.4.39) gegründet.

Grundsätzlich ist bei diesen Polyestern eine Erhöhung der Produktionskapazitäten jedoch relativ schnell möglich, da die Herstellung ähnlich der etablierten PET-Produktion verläuft und damit ohne großartige Modifikationen diese Anlagen technisch auch z. B. zur PTT-Herstellung nutzbar wären.

Zu den bekanntesten Herstellern von abbaubaren Polyestern gehören die Fa. BASF SE (PBAT = Polybutylenadipat-Terephthalat = aliphatisch-aromatischer Terpolyester aus Adipinsäure, Terephthalsäure und Butandiol, mit einem aromatischen Anteil von ca. 50 %, Handelsname Ecoflex), ShowaDenko (PBSA = linearer Terpolyester aus Polybutylensuccinat und Polybutylensuccinatadipat, d. h. mit einpolymerisierter Bernstein- und Adipinsäure, Handelsname Bionolle) und Eastman/Novamont (Polybutylensuccinat-Terephthalat-Terpolyester). Diese Biopolymere basieren auf petrochemischen Butandiol (BDO), während es sich bei dem aktuell auf dem Markt verfügbaren Sorona-Werkstoff der Fa. DuPont um ein PTT (Polytrimethylen-Terephthalat-Copolyester) auf Basis von biogenem Propandiol (PDO) handelt.

Der Werkstoff Ecoflex der Fa. BASF dient u. a. auch für viele andere Biopolymere als wichtige Blendkomponente, insbesondere für Stärkeblends und PLA-Blends. So besteht auch ein neuerer Werkstoff der BASF mit dem Handelsnamen Ecovio aus einem PLA/Ecoflex-Blend.

Im weiteren Sinne können auch Polykarbonate formal den Polyestern zugeordnet werden. Derzeit gibt es auch hier erste Ansätze z. B. von der Fa. Sabic, partiell biobasierte Polykarbonate durch den Einsatz biobasierter aliphatischer Diole als eine Reaktionskomponente bei der Polykondensation zu entwickeln.

4.1.2.3 (Bio-)Polyurethane (BIO-PUR)

Polyurethane mit der typischen Urethanbindung [-NH-CO-O-] gibt es schon seit Anfang der 50er-Jahre. Sie entstehen in der Regel durch Polyaddition von mehrwertigen Alkoholen mit Isocyanaten.

Durch die Wahl verschiedener Reste, der jeweiligen stöchiometrischen Mengenverhältnisse der Ausgangsstoffe, der Wertigkeit des Alkohols sowie gezielt verwendeter Katalysatoren kann die resultierende Mikrostruktur und damit das makroskopische Eigenschaftsprofil in sehr weiten Bereichen variiert werden, Bild 4.26.

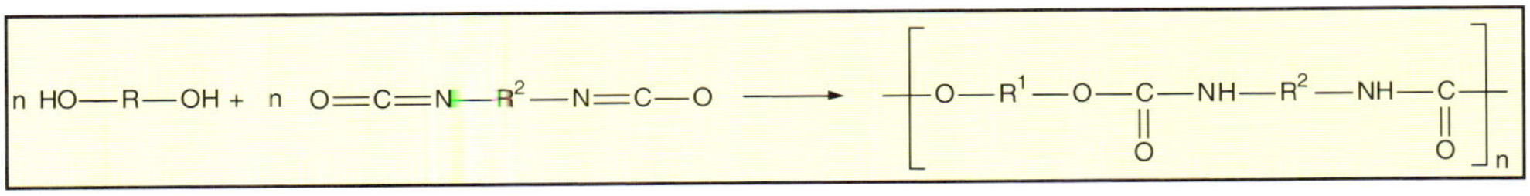

$$n\ HO-R-OH\ +\ n\ O=C=N-R^2-N=C=O \longrightarrow \left[O-R^1-O-\underset{\underset{O}{\|}}{C}-NH-R^2-NH-\underset{\underset{O}{\|}}{C} \right]_n$$

Bild 4.26 Allgemeine Bildungsreaktion von Polyurethanen (Quelle: Römpp)

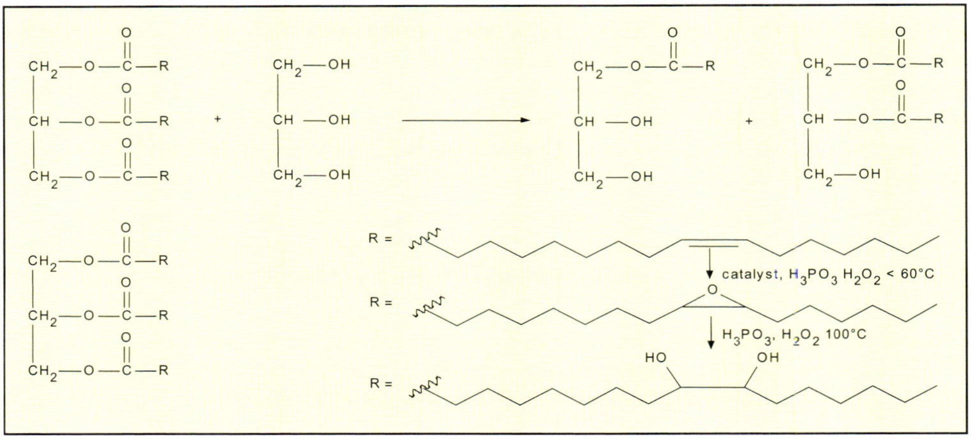

Bild 4.27 Bildungsreaktionen pflanzenölbasierter Alkohole (Quelle: modifiziert nach A. Clark)

Wieder bedingt durch die Heteroatome Stickstoff und Sauerstoff in den Molekülhauptketten sind PURs mikrobiologisch nicht so stabil wie konventionelle petrochemische Kunststoffe. Durch einen entsprechenden hohen Anteil an Urethanbindungen und einem geringen Anteil dreidimensional kovalenter Vernetzung können prinzipiell partiell abbaubare PURs erhalten werden [57].

Üblicherweise basieren dabei die beiden Ausgangskomponenten auf petrochemischen Rohstoffen, jedoch können neben den petrochemisch basierten Isocyanaten ebenso biogene Polyole auf Basis pflanzlicher Öle als zweite Komponente eingesetzt werden. Diese mehrwertigen Pflanzenölalkohole können z. B. durch die Umsetzung von Pflanzenöl als Triglycerid mit Glycerin oder durch eine Epoxidierung mit anschließender Ringöffnung erhalten werden, Bild 4.27.

Die Preise der biogenen Polyole liegen derzeit noch über denen der petrochemisch basierten Polyole. Werden biogene Polyole als Ausgangskomponente verwendet, so wird in diesem Fall oft fälschlicherweise schon von Polyurethanen als Biopolymeren gesprochen, obwohl sie nicht vollständig abbaubar sind und der Anteil der petrochemischen Rohstoffe meist noch deutlich überwiegt. Eine der ersten Firmen, die kommerziell Bio-PUR-Schäume auf Basis von Pflanzenöl anbietet, ist die Fa. Metzeler Schaum. Ebenso arbeiten weitere große Chemie- oder Agrarunternehmen wie Bayer MaterialScience, Dow Polyurethanes oder Cargill an der Erzeugung verschiedener Polyole auf Basis unterschiedlicher Pflanzenöle wie z. B. Soja-, Raps-, Sonnenblumen- oder Rizinusöl als Basis für partiell biobasierte Polyurethane.

Das neuseeländische Unternehmen Genesis Research and Development Corporation arbeitet in diesem Zusammenhang an der Gewinnung von Polyolen auf Basis von Lignin.

4.1.2.4 (Bio-)Polyamide (BIO-PA)

Ähnlich ist auch die Situation bei den Polyamiden. Auch hier handelt es sich um ein bekanntes petrochemisches Polymer mit sehr variablem Eigenschaftsprofil, (Amidbindungen [–CO–NH–]), das ebenso aufgrund der Heteroatome in der Kette unter bestimmten Umständen partiell biologisch abgebaut werden kann. Ähnlich wie bei den Bio-PUR handelt es sich auch bei den Bio-PA im Vergleich zu den meisten anderen derzeit bekannten Biopolymeren um technisch höherwertige Polymerwerkstoffe. Ebenso sind auch hier grundsätzlich der teilweise Einsatz biogener Rohstoffe, insbesondere verschiedenster natürlicher Dicarbonsäuren und deren Spaltprodukte als Ausgangsrohstoffe möglich.

So können z. B. Bio-Polyamide auf Basis von Rizinusöl mittels Sebacinsäure (HOOC–$(CH_2)_8$–COOH) oder aus Ölsäure als eine Reaktionskomponente erzeugt werden.

Zur Synthese der teilweise oder auch vollständig biobasierten Polyamide gibt es grundsätzlich folgende drei verschiedene Herstellungsrouten [7], [93]:

- Kondensationsreaktion von biobasierten Dicarbonsäuren mit Diaminen, Bild 4.28
- Kondensationsreaktion von Aminosäuren (Aminocarbonsäuren) als bifunktionelle Monomere, Bild 4.29
- Ringöffnungspolymerisation, Bild 4.30

Die Polykondensationsreaktion der Biopolyamide verläuft dabei ähnlich wie bei den Bio-Polyestern, jedoch reagiert vereinfacht gesagt bei den Bio-Polyamiden eine Aminogruppe statt einer Hydroxylgruppe mit der Carboxylgruppe einer Carbonsäure, Bild 4.31.

Die für die Herstellung von Biopolyamiden eingesetzten Diamine sind derzeit noch weitestgehend petrochemischen Ursprungs, jedoch werden auch bereits teilweise schon biobasierte Diamine in der Werkstoffentwicklung eingesetzt. Der strukturelle Aufbau, d. h. hier insbesondere die Anzahl der C-Atome der Diamine, hat einen wesentlichen Einfluss auf den Anteil der Amidgruppe im gesamten Polyamid und damit auf die Eigenschaften der resultierenden Polymerwerkstoffe.

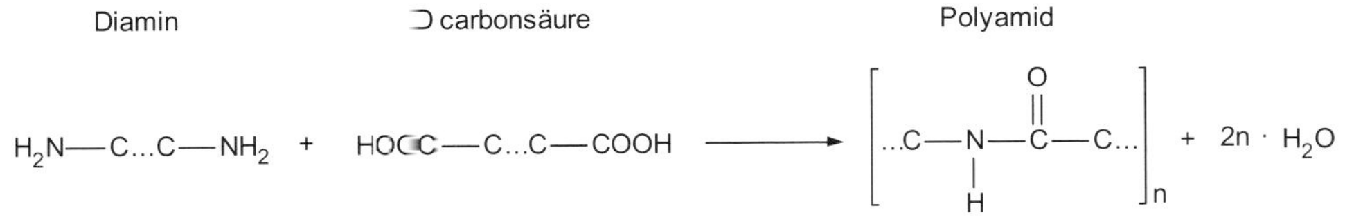

Diamin   Dicarbonsäure   Polyamid

H_2N—C...C—NH_2 + HOOC—C...C—COOH ⟶ [...C—N—C—C...]$_n$ + 2n · H_2O

z.B. PA6 6, PA6 10, PA6 12

Bild 4.28 Kondensationsreaktion von potenziell biobasierten Dicarbonsäuren mit Diaminen

Aminocarbonsäure   Aminocarbonsäure   Polyamid

HOOC—C...C—NH_2 + HOOC—C...C—NH2 ⟶ [...C—N—C—C...]$_n$ + 2n · H_2O

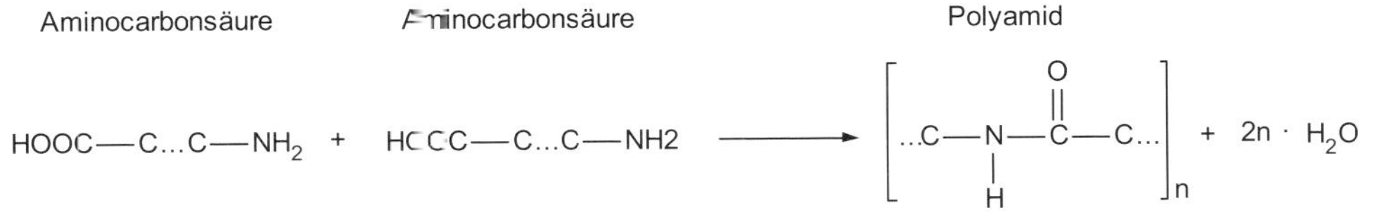

z.B. PA 11

Bild 4.29 Kondensationsreaktion von Aminosäuren (Aminocarbonsäuren) als bifunktionelle Monomere

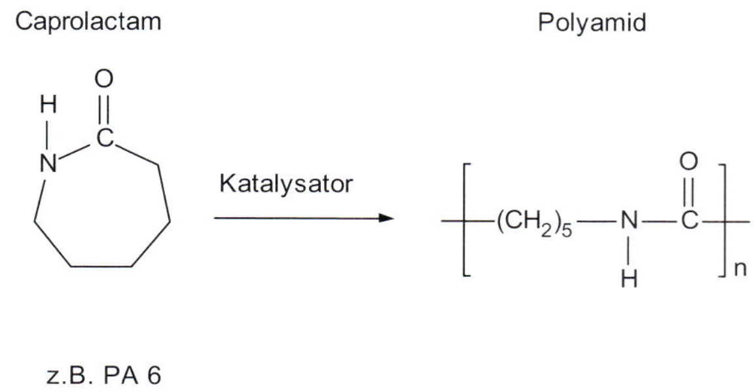

Bild 4.30 Ringöffnungspolymerisation als Herstellungsroute von Bio-Polyamiden

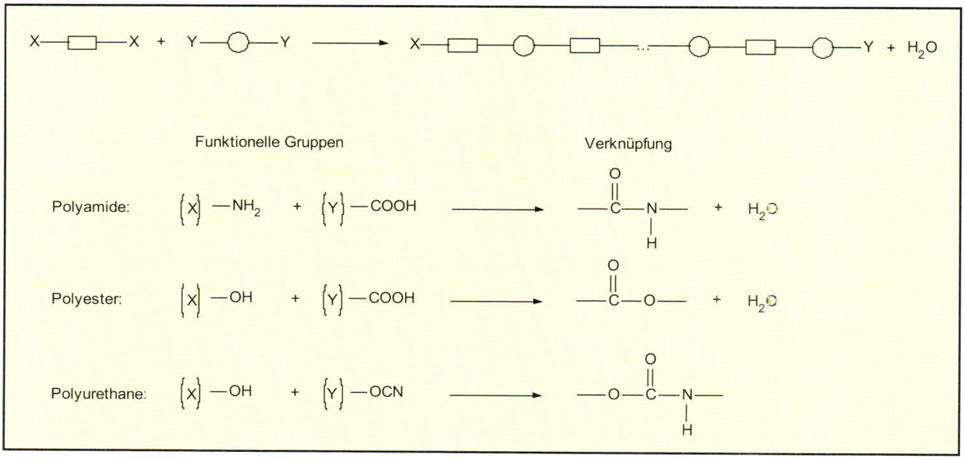

Bild 4.31 Vergleich der Polymerisationsreaktionen von Polyamiden, Polyestern und Polyurethanen (Quelle: modifiziert nach [7])

Bei den natürlichen Dicarbonsäuren als zweite Reaktionskomponente werden neben der Sebacinsäure auch noch einige weitere biobasierten Säuren als Zwischenstufe zur Bildung von Bio-Polyamiden verwendet. Auch hier ist die Anzahl der C-Atome zwischen den Carboxylgruppen ein sehr wichtiger Parameter zur Beeinflussung der resultierenden makroskopischen Gebrauchseigenschaften. Technisch am weitesten vorangeschritten ist die Herstellung von Bio-Polyamiden auf Basis von Rizinusöl bzw. daraus gewonnener Säuren [144].

Ein Ansatz auf Basis von Ricinolsäure ist dabei die katalytische Umwandlung der Ricinolsäure in Undecensäure ($H_2C = CH-(CH_2)_8-COOH$), welche dann in einer weiteren katalytisch unterstützten Reaktion mit Ammoniak zu der C11-Säure Amino-Undecensäure ($N_2C-CH-(CH_2)_8-COOH$) umgesetzt wird. Die Amino-Undecensäure dient dann am Ende als bifunktionelles Monomer zur Herstellung von eines PA 11, Bild 4.32.

Des Weiteren kann auch Ölsäure durch eine Doppelbindungsmetathese, d. h. Disproportionierung der einfach ungesättigten Ölsäure in Sebacinsäure (nach IUPAC: Decandisäure)

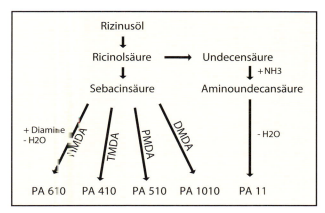

Bild 4.32 Erzeugung verschiedener Polyamide auf Basis von Rizinusöl
(HMDA = **H**examethylendiamin, TMDA = **T**etramethylendiamin, PMDA = **P**entamethylendiamin, DMDA = **D**ecamethylendiamin)

sowie Amino-Decansäure aufgespalten werden. Die Spaltprodukte dienen im Folgenden dann wieder zur Erzeugung von bifunktionellen Aminocarbonsäuren (Hydroaminierung) oder Dicarbonsäuren (Oxidation) als Ausgangsrohstoffe zur Polyamidherstellung, Bild 4.33. Während beim Einsatz der Sebacinsäure Polyamide der Struktur PA X 10 resultieren (vgl. Bild 4.32), entstehen durch den Einsatz von z. B. Azelainsäure (HOOC-$(CH_2)_7$-COOH) Polyamide der Struktur PA X 9.

Dabei wird zunächst aus der Ölsäure (H_3C-$(CH_2)_7$-C=C-$(CH_2)_7$-COOH) durch Ozonisierung (Anlagerung von Ozon an C=C-Doppelbindung) mit anschließender Hydrolyse neben Pelargonsäure (H_3C-$(CH_2)_7$ COOH) auch Azelainsäure (HOOC-$(CH_2)_7$-COOH) erhalten. Durch die anschließende Reaktion der Azelainsäure mit einem Diamin entsteht dann ein Polyamid.

Ebenso gibt es erste Forschungsarbeiten, um auf Basis von fermentativ erzeugter Bernsteinsäure (HOOC-$(CH_2)_2$-COOH) neben den verschiedenen, zuvor beschriebenen Polyestern und Polyurethanen beispielsweise auch ein PA 44 oder ein PA 64 zu erzeugen. Dazu wird neben der biobasierten Bernsteinsäure als zweite Reaktionskomponente 1,4-Diaminobutan oder Tetramethylendiamin (TMDA) verwendet. Die resultierenden Eigenschaften dieses teilweise biobasierten Bio-PA 44 lassen sich am ehesten mit denen der petrochemischen PA 46 vergleichen. Aufgrund der wenigen C-Atome zwischen der polaren Amidgruppe bzw. der hohen Anzahl der polaren Amidgruppen im Molekül kann von einer hohen Kristallinität des Bio-PA 44, verbunden mit einem relativ hohen Schmelzpunkt, hochwertigen mechanischen Eigenschaften und einer hohen Wasseraufnahme ausgegangen werden.

Ein anderer Ansatz zur Erzeugung eines Bio-PA ist die fermentative Erzeugung von ε-Caprolactam (6-Aminohexansäurelactam, 6-Hexanlactam, Azepan-2-on) als Ausgangsrohstoff, Bild 4.36. Die anschließende Polymerisationsreaktion zum PA 6 oder PA 66 verläuft wie bei der Reaktion des Caprolactons zu PCL über eine Ringöffnungspolymerisation. Daraus lässt sich im Falle von Polycaprolactam oder PA 6 ein vollständig auf nachwachsenden Rohstoffen basierendes Polyamid erzeugen.

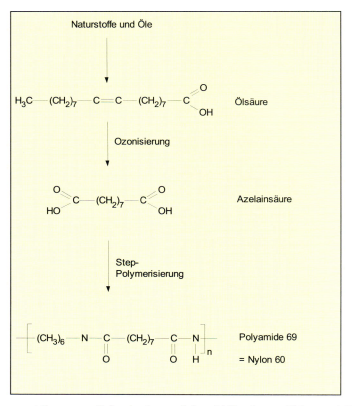

Bild 4.33 Bildungsreaktionen von ölsäurebasiertem Polyamid (Quelle: modifiziert nach R. Höfer)

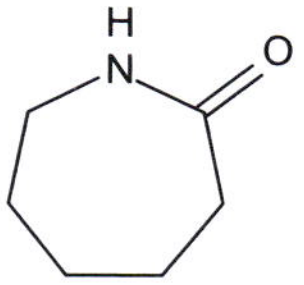

Bild 4.34 Chemische Struktur von Caprolactam

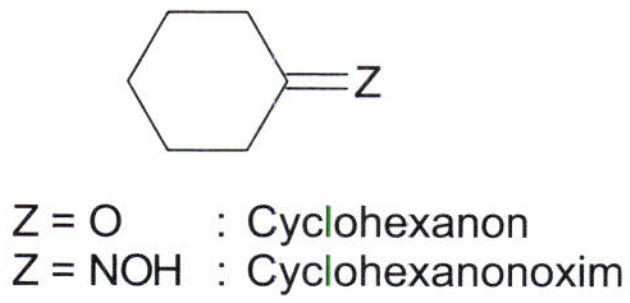

Z = O : Cyclohexanon
Z = NOH : Cyclohexanonoxim

Bild 4.35 Chemische Struktur von Cyclohexanonoxim als Ausgangsrohstoff für petrochemisch basierte Polyamide [83]

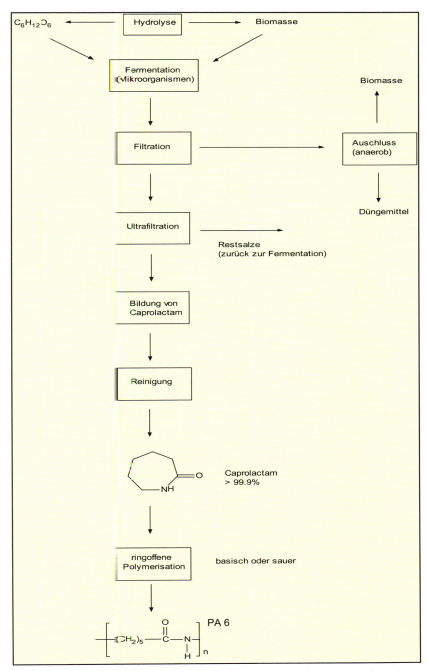

Bild 4.36 Bildungsreaktionen von Polyamid auf Basis biotechnologisch erzeugtem Caprolactam (Quelle: modifiziert nach P. Nossing, A. Bruggink)

Das auf diesem Wege erzeugte Polyamid basiert bei dieser Art der Herstellung vollständig auf biotechnologisch erzeugten Monomeren und wäre damit formal zu der nächsten Untergruppe der sogenannten Drop-In-Lösungen zu zuordnen.

Derzeit wird jedoch das ε-Caprolactam als möglicher Polyamidrohstoff überwiegend noch mittels chemischer Synthese aus petrochemischen Rohstoffen aus Cyclohexanonoxim hergestellt, Bild 4.35.

Weitere Forschungsansätze zur Erzeugung von Biopolyamiden (z. B. PA 5 10) basieren auf dem natürlichen Rohstoff Lysin (2,6-Diaminohexansäure), der in tierischen und teilweise auch in pflanzlichen Proteinen vorkommt, Bild 4.37.

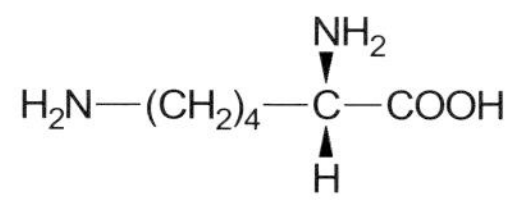

$$H_2N-(CH_2)_4-\underset{H}{\overset{NH_2}{C}}-COOH$$

Bild 4.37 Lysin (2,6-Diaminohexansäure)

Des Weiteren wird auch wieder über ein bereits während des Zweiten Weltkrieges z. B. in USA und bis in die 90er-Jahre in China, Indien und Brasilien eingesetztes Verfahren zur Erzeugung von Butadien aus Bioethanol mittels selektiver Katalysatoren (MgO/SiO_2) als Ausgangsrohstoff für Polyamide diskutiert. Diese Verfahren wurden aufgrund des dafür erforderlichen hohen Zuckerinputs (ca. fünf t Zucker/kg Butadien) und des damals geringen Ölpreises bzw. des preiswerteren fossilen Butadiens eingestellt.

4.1.2.5 Drop-in-Lösungen

Bei den Drop-in-Lösungen wird vereinfacht gesagt versucht, unter vollständiger Substitution der petrochemischen Rohstoffkomponenten durch biogene Rohstoffe, den auf Basis petrochemischer Rohstoffe etablierten Syntheseweg weitestgehend beizubehalten. Das Ziel ist die Erzeugung „konventioneller" Polyolefine wie Polyethylen oder auch Polypropylen, auf Basis erneuerbarer Rohstoffe. Diese Biopolyolefine wie beispielsweise Bio-PE sollten nicht mit den sehr umstrittenen durch Additivierung oxoabbaubaren, und fälschlicherweise auch als Bio-PE bezeichneten, insbesondere im asiatischen Raum eingesetzten Polymerwerkstoffen verwechselt werden.

Da „nur" petrochemische durch erneuerbare Rohstoffe ersetzt werden und die Herstellung gleichzeitig aber zu Polymerwerkstoffen mit bekannten und etablierten Eigenschaftsprofilen führt, ist dieser Ansatz nach Auffassung der Verfasser eine erfolgreiche Strategie für zukünftige Biopolymere. So kann weitestgehend an bekannten Verarbeitungstechnologien wie beispielsweise dem Schäumen festgehalten werden, ohne dass signifikante Veränderung in den Verarbeitungsanlagen erforderlich werden. Insbesondere bei diesen Biopolymeren wird nochmals die an anderer Stelle bereits dargestellte Verschiebungstendenz von der Abbaubarkeit zur Beständigkeit und biobasierten Rohstoffbasis sehr deutlich. Ein kurzfristiges Kommunikations- bzw. Vermarktungsproblem könnte jedoch der derzeit (noch) etwas höhere Preis dieser biobasierten Variante gegenüber dem „äußerlich" gleichen konventionellen Werkstoffes mit gleichem Eigenschaftsprofil sein. Auch hier wird nochmals deutlich, wie wichtig zukünftig der Nachweis des biogenen Anteils in den Biopolymerwerkstoffen sein wird.

Ein in diesem Zusammenhang unter der Überschrift „grünes PE" nun seit ca. zwei Jahren in der Öffentlichkeit sehr präsentes Unternehmen ist Braskem (siehe hierzu Abschnitt 8.4.21). Als Hersteller von konventionellem PE, PP und PVC ist Braskem im Jahr 2002 durch den Zusammenschluss mehrerer Unternehmen hervor gegangen. Über die genauen Herstellparameter des Bio-PEs ist lediglich bekannt, dass es aus Bioethanol auf Basis von Zuckerrohr mit einer anschließenden Dehydrierung zu Ethen und einer Polymerisation zu PE hergestellt wird und für 2009 eine Anlage mit einer Kapazität von 200.000 Jahrestonnen geplant ist.

Fast zeitgleich ist auch The Dow Chemical Company (siehe hierzu Abschnitt 8.4.36) mit Plänen zur Herstellung eines Bio-PE und eines Bio-LLDPE auf Basis von Zuckerrohr-Bioethanol in Zusammenarbeit mit dem brasilianischen Unternehmen Crystalsev (siehe hierzu Abschnitt 8.4.31) auf den Markt getreten. Für 2011 ist von beiden Unternehmen eine Produktionskapazität von 350.000 Jahrestonnen geplant.

Ein weiteres aktuelles Beispiel zu den Drop-in-Lösungen ist die Ankündigung der Fa. Solvay, ein auf Bioethanol basiertes PVC auf den Markt zu bringen.

4.1.3 Direkte Biosynthese der Biopolymere

Bei der direkten fermentativen Herstellung von Biopolymeren kommt es während des Fermentationsprozesses zu einer Polymerisation der Biopolymere. Im Gegensatz zur fermentativen Erzeugung der Monomere mit einer anschließenden von Menschenhand herbeigeführten Polymerisation, wie z. B. im Falle der Milchsäure zum PLA, ist hier aufgrund der natürlichen Biosynthese der zusätzliche Syntheseschritt der Polymerisation nicht erforderlich.

Innerhalb dieser, durch direkte Biosynthese erzeugten Biopolymergruppe sind die sogenannten Polyhydroxyfettsäuren oder Polyhydroxyalkanoate (PHA) die mit Abstand bekanntesten und wichtigsten Vertreter. Polyhydroxyalkanoate sind von Bakterien intrazellulär als Speicher- oder Reservestoff angehäufte Polyester. Es handelt sich um Polymere, welche hauptsächlich aus gesättigten und ungesättigten Hydroxyalkansäuren gebildet werden; daher auch die Bezeichnung Polyhydroxyalkanoate. Neben unverzweigten 3-Hydroxyalkansäuren können auch verzweigte und solche mit substituierter Seitenkette sowie 4- oder 5-Hydroxyalkansäuren als Monomerbausteine auftreten. Auf Basis dieser verschiedenen Monomere entstehen PHAs als Homo-, Co- und Terpolymere. Wegen der Vielfalt der Monomere, der Konstitutionsisomerie, variablen Molekulargewichten sowie den zusätzlichen Möglichkeiten zur Herstellung von Blends oder einer chemisch/physikalischen Modifizierung der Mikrostruktur ergibt sich ein großes Potenzial verschiedenster Biopolymere mit unterschiedlichen Eigenschaftsprofilen innerhalb dieser Polymerfamilie. Im Hinblick auf die große Anzahl theoretisch möglicher PHAs kann für die Zukunft jedoch von maximal 10 verschiedenen industriell interessanten PHAs ausgegangen werden [58], [67], [144].

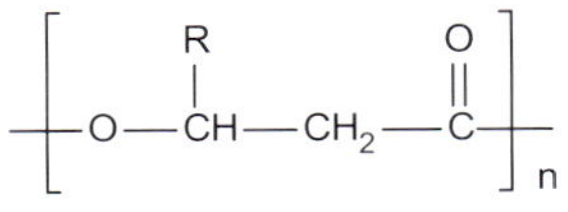

$$\left[O-\underset{\underset{R}{|}}{CH}-CH_2-\underset{\underset{}{\overset{O}{\|}}}{C} \right]_n$$

Bild 4.38 Allgemeine Struktur von Polyhydroxyalkanoaten (PHAs)

Chemisch betrachtet handelt es sich bei den PHAs um optisch aktive, aliphatische Polyester mit der in Bild 4.38 dargestellten Struktur.

Im Fall von R = CH$_3$ ergibt sich das sogenannte Polyhydroxybutyrat oder auch die so bezeichnete Polyhydroxybuttersäure (PHB). Bei R = C$_2$H$_5$ entsteht Polyhydroxyvalerat (PHV), bei R = C$_3$H$_7$ Polyhydroxyhexonat (PHH) und bei R = C$_4$H$_9$ entsprechend Polyhydroxyoctanoat (PHO) usw.

Bei den verschiedenen PHA-Polymeren kann auch zwischen Homo- und Copolymeren unterschieden werden, Bild 4.39.

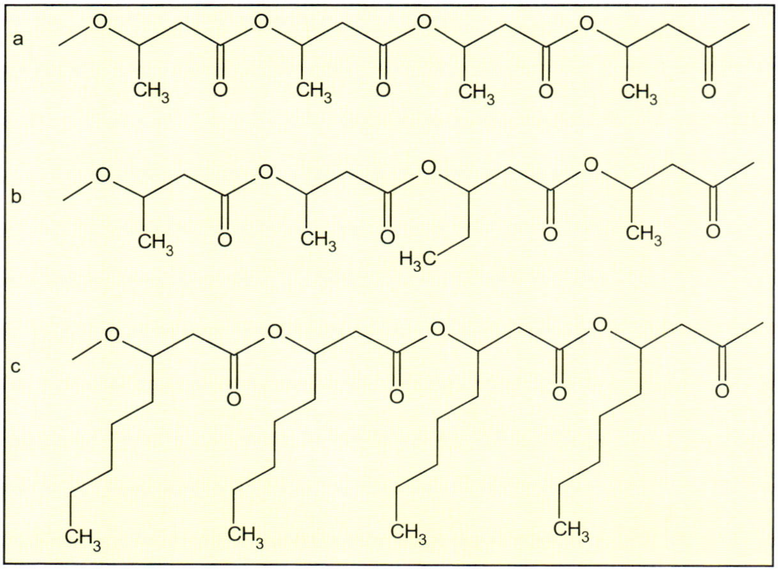

Bild 4.39 Polyhydroxy-β-alkanoate
  a) Poly(β-)hydroxybuttersäure (Butansäure)
  b) Copolyester aus β-Hydroxybuttersäure und β-Hydroxyvaleriansäure (Pentansäure)
  c) Homopolyester aus β-Hydroxyoctansäure

Der prominenteste und am besten untersuchte Vertreter dieser Biopolymerfamilie ist das Homopolymer Polyhydroxybutyrat. PHB als Homopolymer aus Polyhydroxybuttersäure hat einen absolut linearen isotaktischen Aufbau und ist hochkristallin (60 – 70 %). Reines PHB ist daher jedoch für viele Anwendungen zu spröde. Bei ungenauer Prozessführung ist auch ein relativ geringer Abstand zwischen Schmelz- und Zersetzungstemperatur problematisch. Es kann daher bei ungünstigen Bedingungen im Rahmen der Verarbeitung von PHB, z. B. bei zu hoher Feuchtigkeit, zu hoher Temperatur oder zu hoher Verweilzeit in der Maschine, bei Endprodukten wie Folien, Beschichtungen, Fasern zu einem Polymerabbau kommen. Der geringe Abstand zwischen diesen beiden Temperaturen wird u. a. durch die hohe Schmelztemperatur aufgrund der starken zwischenmolekularen Wechselwirkungen verursacht. Ein weiteres Problem vom PHB ist seine progressive Verschlechterung der mechanischen Eigenschaften, wie z. B. der Dehnbarkeit, aufgrund einer sekundären Kristallisation und einem Verlust der äußeren Weichmacher über die Zeit.

Allgemein können jedoch diese Probleme des reinen PHBs wieder in Analogie zu den konventionellen Polymeren durch Einpolymerisieren von Comonomeren optimiert bzw. beseitigt werden. Je längerkettig z. B. die Seitenkette des einpolymerisierten Restes ist, umso niedrig kristalliner, niedrig schmelzender und zäher sind die resultierenden Werkstoffe aufgrund der durch Seitenketten verringerten zwischenmolekularen Wechselwirkungen.

Das erste u. a. für eine Shampoo-Flasche von Wella kommerziell eingesetzte, aber seit ca. 10 Jahren bereits schon nicht mehr erhältliche PHA war das unter dem Handelsnamen Biopol bekannte PHB/PHV-Copolymer der Fa. ICI, Bild 4.40. Die Fa. ICI hat die zugehörigen Rechte an Zeneca, übergeben. Von Zeneca sind sie dann weiter über die Fa. Monsanto jetzt zur amerikanischen Fa. Metabolix (siehe hierzu Abschnitt 8.4.75) gewandert.

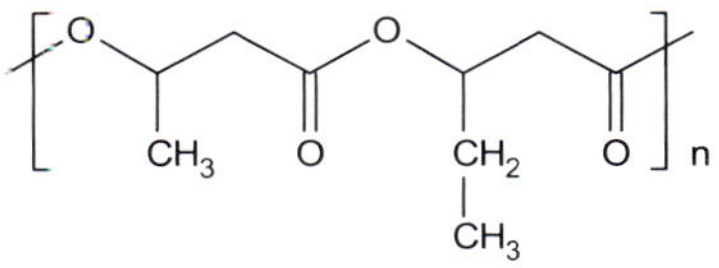

Bild 4.40 PHBHV-Copolymer

Allgemein sind PHAs spritzgießtechnisch gut verarbeitbar, wasserunlöslich und dennoch biologisch abbaubar sowie biokompatibel. Darüber hinaus haben sie eine sehr gute Sperrwirkung gegen Sauerstoff und im Vergleich zu anderen Biopolymeren eine etwas bessere Sperrwirkung gegen Wasserdampf. Nach Auffassung des Verfassers handelt es sich deswegen, sowie aufgrund des variablen molekularen Aufbaus mit unterschiedlichen resultierenden Eigenschaftsprofilen und eines breiten Rohstoffbands zur PHA-Erzeugung, bei diesen Biopolymeren um eine aussichtsreiche Werkstoffgruppe für zukünftige Werkstoffentwicklungen. Darüber hinaus stellen PHAs auch eine interessante Quelle zur Gewinnung kleinerer Moleküle oder Chemikalien wie Hydroxysäuren oder Hydroxyalkanole dar.

Herstellungsprozess

Grundsätzlich sind folgende drei verschiedene Möglichkeiten zur biotechnologischen PHA-Herstellung bekannt:

- Bakterielle Fermentation
- Synthese in gentechnisch veränderten Pflanzen
- Enzymatische Katalyse in zellfreien Systemen

Da die beiden letzten Methoden praktisch (noch) keine industrielle Bedeutung haben, werden sie im Folgenden nur kurz beschrieben.

Mit Hilfe der Gentechnik ist die Übertragung von PHA-Synthesegenen in Nutzpflanzen möglich. Dabei werden in transgenen Nutzpflanzen PHA-Gehalte von bis zu 10 % der Pflanzentrockenmasse erzielt. Für eine wirtschaftlich konkurrenzfähige PHA-Erzeugung müssten jedoch diese PHA-Gehalte verdoppelt und zudem das Wachstum sowie der Ertrag der transgenen Pflanzen signifikant gesteigert werden. Außerdem müssen die Pflanzenaufbereitungsverfahren zur PHA-Gewinnung noch weiter optimiert werden [144].

Durch Isolierung der Schlüsselenzyme ist auch eine in vitro Synthese von PHA in zellfreien Systemen möglich. Der Vorteil dieser Methode ist, dass keine Nebenprodukte des zellulären Metabolismus abgetrennt werden müssen, reine Polymere erhalten werden können und gezielt auch Monomere einpolymerisiert werden können, die natürlicherweise nicht verstoffwechselt würden. Auf der anderen Seite sind die begrenzte Stabilität und die relativ hohen Kosten der Enzyme sowie der Einsatz vergleichsweise teurer Substrate ein Nachteil. Dieser Ansatz wird daher insbesondere für Forschungszwecke verwendet.

Gegenüber diesen beiden kurz beschriebenen Methoden zur PHA-Gewinnung hat die bakterielle Fermentation derzeit die größte industrielle Bedeutung. Sie wird daher im Folgenden ausführlicher beschrieben.

Für die Produktion von PHAs können verschiedene Mikroorganismen eingesetzt werden, Tabelle 4.2. Insgesamt sind mehr als 300 verschiedene Mikroorganismen bekannt, die PHAs auf natürliche Weise als Energiespeicher erzeugen [27], [58], [122].

Die PHAs als Reservepolymere werden dann bei C- oder Energiemangel wieder abgebaut. Für den industriellen Einsatz der verschiedenen Mikroorganismen sind insbesondere deren Stabilität und biologische Sicherheit, die PHA-Produktionsrate, die PHA-Extrahierbarkeit und das Molekulargewicht des akkumulierten PHAs sowie das Spektrum der nutzbaren Kohlenstoffquellen ausschlaggebend. Die maximal bekannte Produktionsrate liegt im Bereich von 5 g pro Liter Fermentervolumen und Stunde.

Grundsätzlich können zur PHB-Erzeugung zwei verschiedene Typen von Mikroorganismen eingesetzt werden. Der eine Typ produziert PHB kontinuierlich, der andere Typ nur dann, wenn wichtige Substanzen für das Wachstum fehlen, aber noch ein Überschuss einer Kohlenstoffquelle vorhanden ist, d. h. diskontinuierlich.

Im Rahmen der bakteriellen Fermentation können je nach Typ folgende Prozessschritte unterschieden werden:

a) Kontinuierliche Synthese (z. B. Alcaligenes latus):
   1) Inokulation, d. h. Vermehrung und Wachstum des Produktionsorganismus und parallele PHA-Synthese durch kontinuierlich synthetisierenden Mikroorganismen
   2) Isolierung/Gewinnung des Biopolymers, d. h. Abtrennung von der Biomasse und Aufreinigung
   3) Compoundierung und Granulierung

b) Diskontinuierliche Synthese (z. B. Alcaligenes eutrophus):
   1) Inokulation, d. h. Vermehrung und Wachstum des Produktionsorganismus
   2) PHA-Synthese bei veränderten Fermentationsbedingungen
   3) Isolierung/Gewinnung des Biopolymers, d. h. Abtrennung von der Biomasse und Aufreinigung
   4) Compoundierung und Granulierung

Tabelle 4.2 Übersicht über die wichtigsten Mikroorganismen zur PHA-Synthese (Quelle: modifiziert nach Braunegg)

Phototrope Bakterien	Gramnegative aerobe Stäbchen und Kokken	Endosporenbildende Stäbchen und Kokken
Rhodospirillum	Pseudomonas	Bacillus
Rhodoseudomonas	Zoogloea	Clostridium
Chromatium	Azotobacter	
Thiocystis	Azomonas	
Thiospirillum	Beijerinckia	
Thiocapsa	Derxia	
Lamprocystis	Azospirillum	
Thiodictyon	Rhizobium	
Thiopedia	Alcaligenes	
Ectothiorhodospira		
Gleitende Bakterien	**Gramnegative fakultative aneorobe Stäbchen**	**Grampositive asporogene stäbchenf. Bakterien**
Beggiatoa	Chromobacterium	Caryophanon
	Photobacterium	
	Beneckea	
Scheidenbakterien	**Gramnegative Kokko und Kokkobacilli**	**Actinomyceten**
Sphaerotilus	Moraxella	Streptomyces
Leptothrix	Paracoccus	
	Lampropedia	
Knospende oder Anhängsel tragende Bakterien	**Gramnegative chemilithotrophe Bakterien**	**Methylotrophe Bakterien**
Hyphomicrobium	Nitrobacter	Methanomonas
Pedomicrobium	Thiobacillus	Mycoplana
Stella	Micrococcus	Methylobacterium
Caulobacter		Methylomonas
Asticcaulus		Methylovibrio
Gekrümmte Stäbchen	**Cyanobakterien**	
Spirilum	Spirulina	
	Chlorogloea	

Auch bei den PHAs erfolgt im Rahmen der bakteriellen Fermentation – ähnlich wie beim PLA – zunächst eine Inokulation, in der sich unter optimalen physikalischen Bedingungen und ausgewogenem Nährstoffangebot (C, N, P, S, O, Mg, Fe) zunächst die für die spätere Verstoffwechselung erforderlichen Bakterien in einem wässrigen, mit diesen Nährstoffen und Luft angereicherten Medium vermehren und wachsen. Bei suboptimalen Bedingungen für Wachstum und Vermehrung (z. B. Phosphatlimitation) und einem verhältnismäßigen Überangebot an C erfolgt dann im nächsten Schritt der Start der eigentlichen PHA-Synthese. Die PHAs werden dabei intrazellulär, meist in Einschlusskörperchen eingelagert

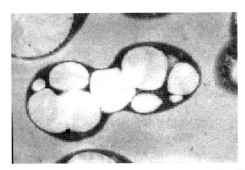

Bild 4.41 Elektronenmikroskopische Aufnahme von Alcaligenes latus (Quelle: Dr. Elisabeth Ingolic; Technische Universität Graz)

und können bis zu 90 % der Zelltrockenmasse ausmachen. Ihr Molekulargewicht liegt in der Regel im Bereich von 100.000 – 500.000 g/mol, wobei jedoch unter speziellen Bedingungen auch Molekulargewichte von deutlich über 1.000.000 g/mol erhalten werden [47], [117].

Als Nahrungsquelle für die intrazelluläre PHA-Erzeugung dienen Glucose und zuckerhaltige Substrate wie z. B. Melasse oder Molke und Methanol. Daneben sind auch andere Alkohole, Alkane, pflanzliche Öle oder auch organische Säuren als Nährstoffquelle geeignet.

Da die am Aufbau beteiligten Enzyme recht unspezifisch sind, ist bei einem entsprechend modifizierten Substratangebot die schon erwähnte Erzeugung verschiedenster kurzkettiger (4-5×C) oder mittelkettiger (6-16×C) Monomere sowie daraus resultierender PHA-Co- oder zukünftig auch PHA-Terpolymere möglich. So erfolgt beispielsweise der Einbau von Hydroxyvaleriansäure durch Aufzucht der Zellen auf Glucose bei Zugabe von beispielsweise Propion-, Ethylpropion- oder Valeriansäure. Durch Variation der Fermentationsbedingungen und des Substratangebots können verschiedene Copolymere erzeugt werden. Da bei der Biosynthese der Makromoleküle im Gegensatz zur chemischen, von Menschenhand herbeigeführten Synthese keine Katalysatoren oder andere Polymerisationshilfsmittel erforderlich sind, zeichnen sich die in den Zellen vorliegenden mikrobiellen Polyester durch eine außerordentlich hohe Reinheit aus.

Oft erfolgt die Trennung zwischen den beiden Prozessschritten des Bakterienwachstums/-vermehrung und der eigentlichen PHA-Erzeugung nicht räumlich getrennt in verschiedenen Fermentern, sondern nur zeitlich getrennt durch Veränderung des Nährstoffangebotes und der Fermentationsbedingungen in einem Fermenter.

Da sich die optimalen Bedingungen für die jeweiligen Prozessschritte der Wachstums- und Produktionsphase am leichtesten bei Batch-Prozessen realisieren lassen, erfolgt die PHA Herstellung üblicherweise in Batch oder Fed-Batch-Prozessen. Damit lassen sich auch höhere intrazelluläre PHA-Gehalte als bei kontinuierlichen Prozessen erzielen. Nachteilig ist jedoch eine mögliche schwankende Produktqualität bei der batchweisen Herstellung.

Im nächsten Schritt erfolgt dann die Isolierung der polymerbeladenen Mikroorganismen aus der Fermentationsbrühe und Aufreinigung des intrazellulär angehäuften PHAs. Der erste Teilschritt der Separation der Zellen aus dem Kulturmedium erfolgt meist mittels klassischer mechanischer Trennverfahren wie Zentrifugation oder Filtration. Im zweiten Teilschritt werden zur PHA-Extraktion die Zellen zerstört, und der Polymerrohstoff isoliert. Zur PHA-Gewinnung sind insbesondere verschiedene Lösemittelextraktionsverfahren und lösungsmittelfreie, sogenannte LF-Verfahren bekannt. Die Lösungsmittel werden dabei im geschlossen Kreislauf wieder in den Prozess zurückgeführt. Die Schritte, Separation und Lyse der Bakterienzellen, sowie die anschließende Separation des PHA-Rohstoffs bestimmen wesentlich die Kosten und Qualität des Endproduktes sowie die Ökologie des Produktionsverfahrens.

Als Lösungsmittel werden insbesondere größere Mengen an erhitztem Chloroform, Methylenchlorid, Dichlorethan sowie Propylencarbonat eingesetzt. Da sich dadurch die Ökobilanz der PHA-Herstellung erheblich verschlechtert, werden alternative Lösungsmittel gesucht. Dabei muss jedoch ein Kompromiss gemacht werden zwischen Effizienz und Ökologie des Lösungsmittels sowie einer möglichen Angriff/Abbau des PHAs. Alternativ eingesetzte Lösemittel für PHAs mit mittlerer Kettenlänge sind z. B. Aceton oder Hexan.

Alle lösemittelfreien Verfahren basieren auf einer Lyse der Zellen durch hydrolytische Enzyme meist in Kombination mit einer thermischen Behandlung (z. B. Wasserdampf) und dem zusätzlichen Einsatz verschiedener Detergenzien sowie einer anschließenden Mikrofiltration oder Zentrifugation. Ein weiterer Ansatz im F&E-Bereich basiert auf einer Extraktion der Zellsubstanz mittels superkritischem CO_2.

Die lösemittelfreien Verfahren sind gegenüber den lösemittelhaltigen grundsätzlich als umweltfreundlicher zu bewerten, jedoch ist es beim Verzicht auf Lösemittel schwieriger entsprechend hohe Produktreinheiten zu erzielen. Eine Neuentwicklung mittels gentechnisch veränderter Bakterien stellt hier einen Fortschritt dar: Ein in das Bakterien-Genom eingeschleustes Virus wird erst oberhalb von 42 °C aktiviert und lysiert die Zellmembranen, während die vorherige Fermentation bei 28 °C erfolgt.

Die PHAs werden nach der Isolierung anschließend meist noch weiter aufgereinigt und vakuumtechnisch getrocknet.

Bezüglich einer optimalen Nutzung der parallel anfallenden Zellreste bzw. Biomasse besteht noch weiterer Forschungsbedarf. Mögliche Optionen wären deren Umwandlung zu Biogas, der Einsatz als Tierfutter oder als Substrat für eine weitere PHA-Produktion sowie eine katalytische Enzymgewinnung aus dem Proteinanteil der Biomasse.

Im letzten Schritt der Erzeugung der PHA-Werkstoffe wird das PHA-Pulver abschließend für die Weiterverarbeitung auf Kunststoffmaschinen extrusionstechnisch granuliert. Gleichzeitig können je nach PHA-Typ Additive, insbesondere Weichmacher und Nukleierungskeime dazugegeben werden, um die resultierenden Werkstoffverarbeitungs- und Produktionseigenschaften gezielt zu verbessern.

Aufgrund der Rohstoffkosten (0,5 – 2 Euro/kg PHB) [67], Prozesskosten und insbesondere der derzeitig (noch) relativ geringen Produktionsvolumina haben die PHAs derzeit mit 3,7 – 15 Euro/kg einen relativ hohen Verkaufspreis, auch im Vergleich zu anderen Biopolymeren. Diese große Preisspanne nach oben kommt durch den Hersteller BIOMER zustande, der sein PHB derzeit für Preise zwischen 11 und 15 Euro/kg anbietet. Die üblichen Preise der anderen Anbieter für PHA-Werkstoffe liegen dagegen im Bereich von 3,7 – 8 Euro/kg. Dabei handelt es sich jedoch teilweise noch um die Kosten für das reine Biopolymer ohne die Additive, die für eine optimale thermoplastische Verarbeitung nötig sind (Nukleierungsmittel, Weichmacher usw.). In diesem Fall kommen noch weitere Kosten zur Anpassung/Optimierung der Verarbeitungs- und Gebrauchseigenschaften hinzu.

Die Wirtschaftlichkeit der PHA-Herstellung hängt am Ende insbesondere von folgenden Faktoren ab:

- PHA-Produktionsrate
- PHA-Ausbeute und -Qualität
- Kosten der C-Quelle
- Kosten der PHA-Gewinnung und Aufbereitung
- Anlagengröße

Erste kommerzielle Hersteller verschiedener PHAs in kleinerem Maßstab sind Biomer (siehe hierzu Abschnitt 8.4.13), Tianan (siehe hierzu Abschnitt 8.4.114), Mitsubishi Gas Chemical Company (siehe hierzu Abschnitt 8.4.78) und PHB Industrial Brasil S.A. (siehe hierzu Abschnitt 8.4.89). Die Fa. Meredian Inc. (siehe hierzu Abschnitt 8.4.73) arbeitet auch an der Entwicklung von PHA-Werkstoffen mit der Werkstoffbezeichnung Nodax. Die US-amerikanische Biotechnologiefirma Metabolix (siehe dazu Abschnitt 8.4.75) hat im Jahre 2001 sämtliche Rechte an den ICI-Werkstoffpatenten von Monsanto erworben. Nach Aussagen von Metabolix stehen deren Werkstoffe kurz vor der Markteinführung. Erste Versuchsmengen sind bereits aktuell erhältlich. Des Weiteren sind neben PHB Industrial SA insbesondere auch weitere Unternehmen der brasilianischen Bioethanol-Industrie an einer Erweiterung ihrer Produktpalette interessiert. Die fermentative PHA-Erzeugung auf Basis von Zuckerrohr bietet ein Produkt mit höherer Wertschöpfung und Synergieeffekten. Neben dem gewonnenen Zucker als Substrat kann das anfallende Nebenprodukt der Bagasse zur Bereitstellung der Prozessenergie zur PHA-Produktion dienen.

4.1.4 Modifizierung nachwachsender Rohstoffe

Die verschiedenen Biopolymere dieser Gruppe basieren insbesondere auf den Polysacchariden Stärke und Cellulose.

Cellulosebasierte Biopolymere stellten vor ca. 100 Jahren, als noch keine petrochemischen Rohstoffe verfügbar waren, die ersten Polymere und aus heutiger Sicht auch Biopolymere dar, während die auf Stärke basierenden Biopolymere u. a. aufgrund der niedrigen Rohstoffpreise, der guten Verfügbarkeit und der sehr guten Abbaubarkeit die Vorreiterrolle bei den moderneren, seit ca. 20 Jahren erforschten Biopolymere darstellen (vgl. Bild 2.1).

4.1.4.1 Stärkepolymere

Um aus Stärke Biopolymere zu erzeugen, gibt es die in Bild 4.42 dargestellten grundsätzlichen verschiedenen Methoden.

Bevor auf die auf die verschiedenen Herstellrouten und die daraus resultierenden Polymere und deren Mikrostruktur eingegangen werden kann, wird zunächst der Rohstoff Stärke selbst charakterisiert.

4.1 Herstellung von Biopolymeren   129

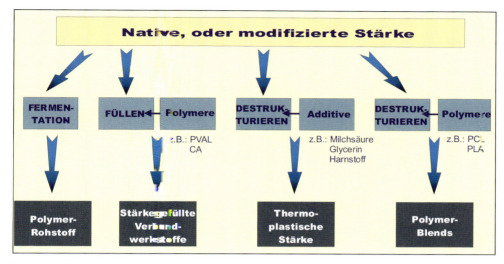

Bild 4.42 Biopolymere auf Stärkebasis

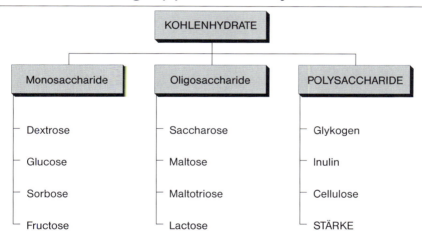

Bild 4.43 Stoffgruppe der Kohlenhydrate

Als Polysaccharid ist Stärke ein biologisch abbaubares, natürliches Polymer mit pflanzlichem Ursprung. Sie ist eine der wichtigsten Substanzen in der Stoffgruppe der Kohlenhydrate und kommt weit verbreitet in der Natur vor.

Obwohl es eine Vielzahl Stärke liefernder Pflanzen gibt, beschränkt sich die Stärkegewinnung (ca. 60 Mio. t/a) weltweit gesehen primär auf Mais, Kartoffel, Weizen, Tapioka und Reis [93], [124]. Von diesen Stärken sind in der Bundesrepublik mit jeweils ca. 350.000 – 400.000 t/

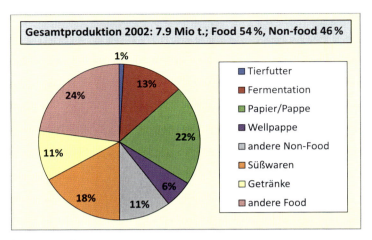

Bild 4.44 Stärkeeinsatz in Europa

Jahr überwiegend für technische Anwendungen außerhalb des Futter- und Nahrungsmittelbereichs überwiegend nur die Kartoffel- und Weizenstärke von Bedeutung. Maisstärke wird z. B. eher zur Tierfütterung verwendet. Der Stärkepreis liegt im Bereich von 0,2 – 0,3 Euro/kg. In Bild 4.44 sind die wichtigsten Stärkeeinsatzbereiche dargestellt.

a) Chemische Stärkestruktur

Mikroskopisch betrachtet besteht Stärke aus Stärkekörnern, welche wiederum – ähnlich wie die Kunststoffe – aus Makromolekülen aufgebaut sind. Die mittlere Molekülmasse der Stärkemakromoleküle beträgt ca. $40 \times 10^3 - 20 \times 10^6$ g/mol. Im Gegensatz zu verschiedenen anderen Speicherpolysacchariden, wie z. B. Inulin, ist bei den Stärkemakromolekülen nur Glucose als Bauelement gefunden worden. Sie entstehen aus α-D-Glucose unter Wasserabspaltung und Ausbildung sogenannter Anhydroglucose-Einheiten (AGE) nach folgender Bruttoformel:

$$n \cdot C_6H_{12}O_6 \rightarrow (C_6H_{12}O_6)_n + (n-1) \cdot H_2O$$
$$\text{Glucose} \quad \text{Stärke}$$

In der Stärke treten nach dieser Polykondensationsreaktion überwiegend α-1,4-glucosidische und die zu Kettenverzweigungen führenden α-1,6- sowie auch vereinzelt α-1,3-glucosidische Bindungen auf.

Native Stärke ist nicht homogen zusammengesetzt, sondern besteht aus den zwei strukturell verschiedenen Makromolekülen Amylose (14 – 27 %) und Amylopektin (73 – 86 %), deren Mengenverhältnis die Eigenschaften der Stärke signifikant beeinflussen kann.

Amylose, Bild 4.45 kann durch eine lineare, unverzweigte Kettenstruktur mit einer mittleren Kettenlänge von 300 – 400 AGE charakterisiert werden. Amylose ist jedoch keine homogene Substanz; ihr durchschnittlicher Polymerisationsgrad schwankt zwischen 50 und 7.000 AGE, d. h. Molekülmassen zwischen 10.000 und 1.000.000 g/mol.

Der durchschnittliche Polymerisationsgrad hängt jedoch stark von der Gewinnung, Isolierung, Herkunft und dem Reifezustand der Frucht ab, aus der die Stärke gewonnen wurde.

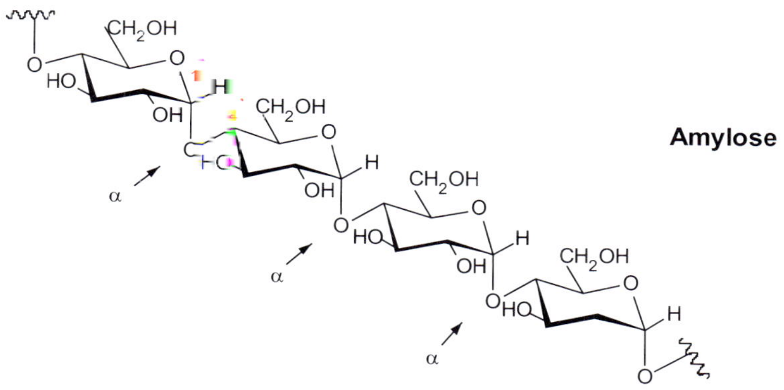

Bild 4.45 Mikrostruktur von Amylose

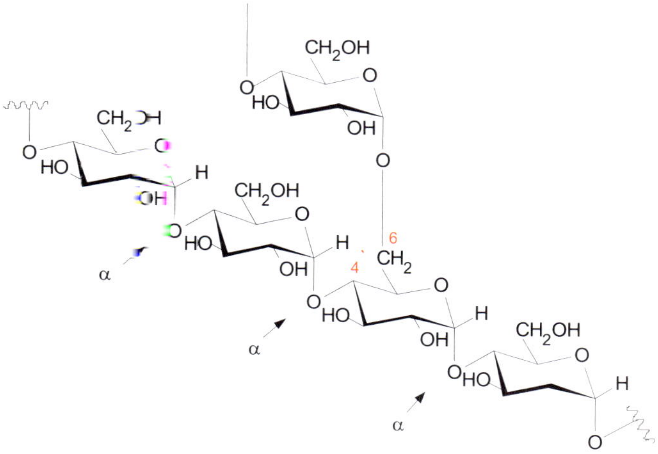

Bild 4.46 Mikrostruktur von Amylopektin

Bereits 1937 wurde von G. Tegge für Amylose eine, durch 1,4-α-glucosidische Bindungen aufgebaute, helixförmige Struktur vorgeschlagen [124]. Dies beruhte auf der Beobachtung, dass Amylose mit Jod eine tiefblaue Komplexverbindung bildet, in der je sechs AGE eine Helixumdrehung ausbilden, die ein Jod-Atom einschließt.

Im Gegensatz zur Amylose besitzt das Amylopektin, Bild 4.46 eine verzweigte, wesentlich komplexere räumliche Struktur. Die Literaturangaben über die Molekülmasse des Amylopektins schwanken in weiten Bereichen. Je nach Herkunft, Darstellung und Bestimmungsmethode wurden durchschnittliche Polymerisationsgrade von $7 \times 10^3 - 7 \times 10^5$ mit einer mittleren Molekülmasse von $1 \times 10^6 - 1 \times 10^8$ g/mol gefunden [93].

Außer den „normalen" Stärken gibt es Stärke-Arten mit stark abweichendem Verhältnis Amylose/Amylopektin. Die Stärken sogenannter wachsiger Mais- und Klebreissorten beste-

132   4   Herstellung und chemischer Aufbau von Biopolymeren

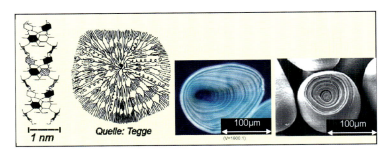

Bild 4.47 Schichtförmiger Aufbau nativer Stärkekörnern

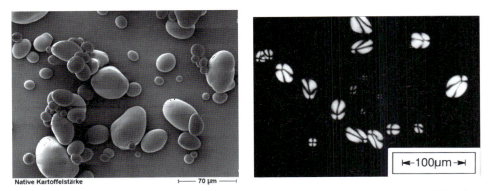

Bild 4.48 Rasterelektronen – sowie polarisationslichtmikroskopische Aufnahme von Kartoffelstärke

hen fast ausschließlich (max. ca. 99 %) aus Amylopektin. Andererseits sind durch spezielle Züchtungen Erbsen- und Maissorten entwickelt worden, deren Stärke bis zu 85 % Amylose enthält. Diese beiden stofflich weitgehend homogenen Stärke-Arten finden in der Technik großes Interesse, da sie Eigenschaften besitzen, die den normalen Stärken fehlen. Ihr Preis beträgt jedoch auch das 5- bis 15-fache gegenüber den Stärken mit einem „natürlichen" Amylose/Amylopektin-Verhältnis.

Aufgrund der Anordnung der Molekülketten der Amylose und des Amylopektins besitzen die Stärkekörner eine sphärolithähnliche Struktur. Für den in Bild 4.47 dargestellten schichtförmigen Aufbau dieser Hüllen-Stärkekörner ist ein periodisches Wachstum durch Apposition verantwortlich. Die einzelnen Schichten bestehen aus radial orientierten, mikrokristallinen Mizellen. Die Abschnitte der Amylopektin-Moleküle sind in einem dreidimensionalen Netzwerk ausgerichtet und bilden zusammen mit Amylose-Molekülen vermischte Kristallite. Die Moleküle sind dabei durch Wasserstoffbrückenbindungen zu parallelen Strängen verknüpft. Aufgrund dieser kristallinen Struktur beobachtet man die für Kristalle typische Erscheinung der Doppelbrechung, Bild 4.48. Die Schärfe des Polarisationskreuzes wird als Indiz für die Unversehrtheit der Stärkekörner gewertet. Ein weiterer Teil der Amylopektinzweige bildet zusammen mit Amylose amorphe Bereiche [32], [124], [125].

a) Stärkegewinnung

Die Gewinnung der Stärke als Ausgangsstoffs lässt sich in mehrere Stufen gliedern. Nach einer Vorreinigung werden die Pflanzen meist zerkleinert, und die Stärke wird ausgewaschen. Vor der Trennung von Stärke und Pflanzenfasern wird das Fruchtwasser in einem mehrstufigen Prozess mittels Dekanter abgetrennt. Die entstehende Stärkemilch wird erneut gereinigt und mit Zentrifugen, Vakuum-Drehfiltern und Trocknern entwässert.

Stärke kann jedoch auch nach dem gründlichen Waschen und Trocknen im Verlauf ihrer Gewinnung noch eine Reihe von Begleitsubstanzen ohne festere chemische Bindung wie Fette, Proteine, mineralische Bestandteile in sehr geringen Mengen enthalten. Die Natur dieser oft als „Verunreinigungen" angesehenen Begleitstoffe hängt weitgehend von der Herkunft der Stärke ab.

Außerdem enthält native Stärke noch einen bestimmten Wasseranteil, der sich entsprechend den atmosphärischen Umgebungsbedingungen laufend verändert. Durch reversible Adsorption stellt sich je nach Stärkesorte und Luftfeuchtigkeit eine Gleichgewichtsfeuchtigkeit zwischen 10 und 20 Gew.-% ein. Die ersten 8–10 Gew.-% sind als eine Art Konstitutionswasser sehr fest gebunden. Da Stärke bei starker Trocknung ihren kristallinen Charakter verliert, spricht man auch von Kristallwasser.

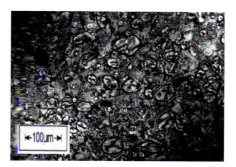

Bild 4.49 Polarisationslichtmikroskopische Aufnahme eines Dünnschnitts von stärkegefülltem PCL

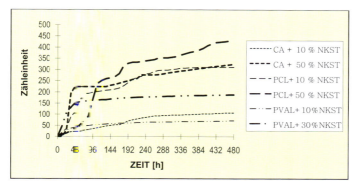

Bild 4.50 Biologischer Sauerstoffbedarf beim anaeroben Abbau verschiedener Biopolymere mit jeweils 10 und 50% nativer Kartoffelstärke (NKST) als Füllstoff

b) Stärkebasierte Polymerwerkstoffe

Polymererzeugung:

Beim Einsatz von Stärke als Rohstoff für *fermentativ erzeugte Polymere* handelt es sich um eine Verstoffwechselung von Stärke zur mikrobiologischen Bildung anderer polymerer Rohstoffe (vgl. Abschnitt 4.1.3). Neben den schon dargestellten Herstellern spezieller fermentativ erzeugter Polymere stellt die niederländische Fa. Rodenburg Biopolymere auf Basis partiell fermentierter Kartoffelstärkeabwässer her.

Bei der extrusionstechnischen Erzeugung *stärkegefüllter, thermoplastischer Verbundwerkstoffe* dient die partikel- oder kornförmige Stärke sowohl als preiswerter sowie auch als funktionaler Füllstoff, Bild 4.49. Durch die Stärkekörner können die mechanischen Eigenschaften, wie z. B. E-Modul, verbessert und das Abbauverhalten beschleunigt werden [32], [114], [136].

Dabei resultiert die verbesserte Abbaubarkeit nicht nur aus dem bevorzugten Abbau der Stärke, sondern die dadurch bedingte Vergrößerung der Oberfläche beschleunigt auch den Abbau des Matrixpolymers (Bild 4.50).

Grundsätzlich nicht abbaubare Polymere wie z. B. PE können jedoch auch durch das Füllen mit Stärke nicht vollständig abbaubar und insbesondere nicht kompostierbar gemacht

Bild 4.51 Thermomechanische Destrukturierung (links) und thermochemische Verkleisterung (rechts) von Kartoffelstärke

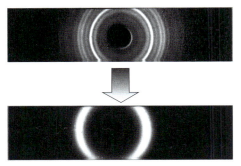

Bild 4.52 Verlust der Beugungsringe nach der extrusionstechnischen Plastifizierung (unten) durch Zerstörung der kristallinen Kornstruktur

werden. Es kommt durch den Abbau der zugänglichen Stärkekörner in der Anfangsphase lediglich zu einer makroskopischen Materialzersetzung, jedoch nicht zu einem vollständigen Endabbau des gesamten Polymerwerkstoffs.

Im Gegensatz dazu werden bei der sogenannten *thermoplastischen Stärke* die Stärkekörner extrusionstechnisch destrukturiert und es entsteht ein Thermoplast auf Basis der Stärkemakromoleküle Amylose und Amylopektin. Je nach dem Verhältnis von zugegebener Wassermenge, Scherkräften und Temperatur kommt es dabei zu einer überwiegend thermomechanischen Korndestrukturierung oder eher zu einer thermochemischen durch Wasser herbeigeführten Stärkeverkleisterung [35], Bild 4.51.

Diese unter polarisiertem Licht erkennbare Korndestrukturierung lässt sich auch mittels Röntgenbeugung anhand des Verlustes der scharfen, durch kristalline Kornanteile verursachten Beugungsringen nachweisen (Bild 4.52).

Aufgrund der Polarität dieser Makromoleküle Amylose und Amylopektin bilden sich nach der Korndestrukturierung entsprechen intensive molekulare Wechselwirkungen aus. Die Folge daraus sind – wie bei der Cellulose – eine schwere Extrudierbarkeit und spröde mechanische Materialeigenschaften. Daher findet die Destrukturierung und Plastifizierung der Stärke im Extruder oft unter Zugabe von Wasser und anderen Verarbeitungshilfsmitteln sowie Weichmachern, wie z. B. Glycerin, statt. Reine thermoplastische Stärke hat z. B. bei einem Gleichgewichtswassergehalt von ca. 14 % eine T_g von 80 °C und ist damit bei Raum-

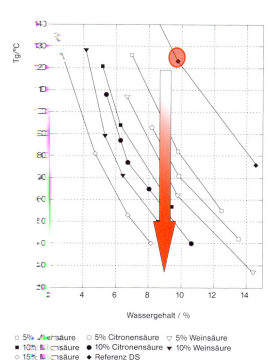

Bild 4.53 T_g als Funktion des Wassergehaltes von plastifizierter Kartoffelstärke in Kombination mit unterschiedlichen Arten an Hydroxycarbonsäuren als Weichmacher

temperatur sehr spröde. Durch Zugabe verschiedener Weichmacher, wie z. B. Hydroxycarbonsäuren, Glycerin, Polyole, oder Wasser, kann die Glasübergangstemperatur verringert und der Werkstoff zäher gemacht werden.

Bei der Wahl geeigneter Weichmacher sollte insbesondere auf die Kompatibilität zur Stärke, eine geringe Mobilität sowie eine grundsätzliche biologische Abbaubarkeit der Additive geachtet werden.

Aufgrund der spröden Eigenschaften der thermoplastischen Stärkepolymere auf der einen Seite, und der preiswerten Verfügbarkeit sowie der guten Abbaubarkeit auf der anderen Seite, wird versucht, diese wesentlichen Nachteile der destrukturierten Stärke durch Stärkemodifikationen zu optimieren. Aufgrund der uneinheitlicheren und chemisch weniger stabilen Molekülstruktur können die bekannten Derivatisierungsreaktionen der Cellulosechemie jedoch nur bedingt auf die Stärke übertragen werden. So ist grundsätzlich die Herstellung von Stärkeacetaten oder Stärkeacetatfolien möglich, jedoch ohne dass bei den Stärkeacetaten ähnlich ausgewogenen Eigenschaften wie beim Celluloseacetat erhalten werden.

Ein weiteres Problem ist insbesondere die Hydrophilie der Stärke bzw. Stärkepolymere. Daher wird die thermoplastische Stärke neben der sogenannten äußeren Weichmachung durch Additive, wie z. B. Sorbitol oder Glycerin, und/oder einer inneren Weichmachung durch die Stärkemodifizierung meist auch mit anderen Biopolymeren wie PLA oder anderen Polyestern geblendet.

Da es sich bei den Polyestern oft um petrochemische Polyester mit einem in der Regel auch höheren Materialpreis handelt, sind die Stärkeblendhersteller bei ihren Entwicklungen bemüht, den Stärkeanteil zu maximieren ohne jedoch zugleich die Materialperformance zu verlieren. Dadurch entsteht bei den Stärkeblendherstellern eine gewisse Abhängigkeit von diesen weiteren Additiven/Blendkomponenten bzw. deren Herstellern.

Gerade in diesem Bereich gibt es jedoch in Deutschland einige kleinere Unternehmen wie z. B. FKuR (siehe dazu Abschnitt 8.4.44) oder Biop (siehe dazu Abschnitt 8.4.16) oder das insbesondere in den letzten Jahren stark gewachsene Unternehmen Biotec (siehe dazu Abschnitt 8.4.19), die sich auf die extrusionstechnische Herstellung und Modifizierung von thermoplastischen *Stärkeblends* spezialisiert haben. Ausländische Hersteller von Stärkeblends sind Rodenburg Biopolymers (siehe dazu Abschnitt 8.4.99) in den Niederlanden, Vegeplast aus Frankreich (stellen ausschließlich Produkte her, siehe dazu Abschnitt 8.4.122) oder die Firmen Plantic und Biograde Limited aus Australien (siehe dazu die Abschnitte 8.4.90 und 8.4.11). Der weltweit bedeutendste Biopolymerhersteller auf Basis von Stärkeblends ist die italienische Fa. Novamont (siehe dazu Abschnitt 8.4.84). Seit dem Kauf der Polyestertechnologie von Eastman im Jahr 2004 verfügt Novamont zudem auch über die technischen Möglichkeiten, das Know-how und die Produktionskapazität zur Herstellung eigener, maßgeschneiderter Polyester (Handelsname Origo-Bi) als Stärkeblendkomponente.

4.1.4.2 Cellulosepolymere

Bei den Cellulosepolymeren gibt es 2 Hauptgruppen, die sogenannten Celluloseregenerate, bekannt unter den verschiedenen Bezeichnungen wie Viskose, Zellglas, Cellophan, Cellulosehydrat oder Hydratcellulose etc., welche überwiegend als Faser oder als Folie vorliegen und die Cellulosederivate, welche sich in die zwei Hauptgruppen der Celluloseester und Celluloseether aufteilen, Bild 4.54, [28], [30], [115].

4.1 Herstellung von Biopolymeren

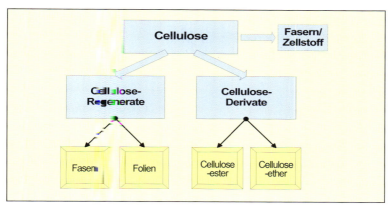

Bild 4.54 Cellulosebasierte Polymerwerkstoffe

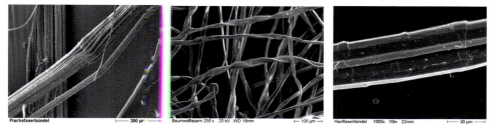

Bild 4.55 Rasterelektronenmikroskopische Aufnahmen verschiedener Naturfasern (von links nach rechts: Flachsfaserbündel, Baumwollfasern, Hanffasern)

Obwohl die noch vor dem petrochemischen Zeitalter entdeckten cellulosebasierten Polymere zu den ersten Polymerwerkstoffen überhaupt gehören, werden sie in jüngster Zeit aufgrund ihres natürlichen Rohstoffursprungs und der teilweisen Abbaubarkeit neu unter der Bezeichnung Biopolymere gezielt vermarktet.

Wie die Stärke gehört die Cellulose als Polysaccharid zur Gruppe der Kohlenhydrate. Sie kommt in den Zellwänden aller höheren Pflanzen in unterschiedlichen Mengen vor. Die Rohstoffquellen für die industrielle Veresterung der Cellulose und für die Textilindustrie sind insbesondere Baumwoll-, Bast- und Blattfasern, während die Cellulosefasern für die Papierindustrie neben Baumwolle überwiegend auf Holz, Eukalyptus oder Bambus basieren, Bild 4.55.

Die Cellulose ist meist ein Bestandteil eines Werkstoffverbundes, dessen Grundgerüst aus länglichen Zellen besteht (Bild 4.56). Zu Fibrillen verdrillt dienen lange, feste Celluloseketten als Gerüstsubstanz, und das hydrophobe Lignin wirkt insbesondere beim Holz und den Bastfasern als schützende Ummantelung. Die Fibrillen sind aus Mikrofibrillen, die Mikrofibrillen aus Elementarfibrillen, die Elementarfibrillen aus Elementarzellen und diese wiederum aus Cellulosemolekülen aufgebaut. Für die chemische Verwendung der Cellulose wird dieser Verbundstoff zerstört, damit die Cellulose chemisch isoliert werden kann. Das Ergebnis ist dann ein faseriger Chemiezellstoff mit einem hohen Celluloseanteil. Für die Papierindustrie

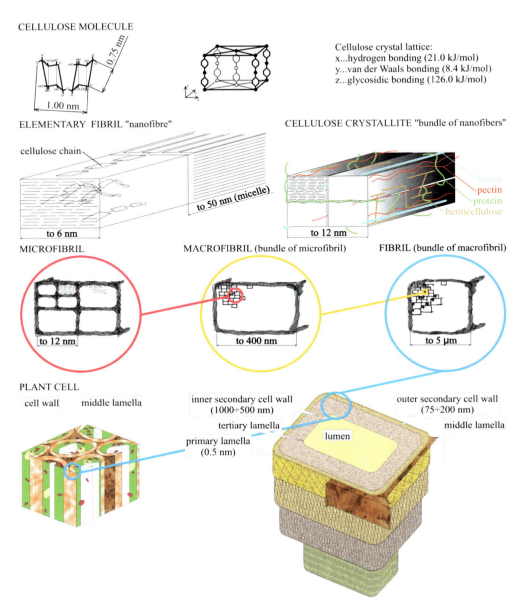

Bild 4.56 Mikrostruktur cellulosebasierter Pflanzenfasern [37]

kommen auch oft andere, thermisch und/oder mechanische Holzaufschlussverfahren mit höherer Ausbeute, jedoch minderwertigerer Produkt- bzw. Faserqualität zum Einsatz.

In den letzten Jahren hat es erfolgreiche Forschungsarbeiten gegeben, um Cellulose auch auf fermentativem Wege z. B. unter Sauerstoffzufuhr mittels Essigsäure produzierender Bakterien wie Acetobacter xylinum, Gluconacetobacter xylinus und anderen zumeist gramnegativen Organismen zu erzeugen. Die Bakteriencellulose zeichnet sich insbesondere gegenüber den Cellulosefasern aus Holz oder Faserpflanzen durch eine um ca. zwei Größenordnungen feinere Struktur aus. Sie ist frei von den Begleitsubstanzen Lignin und Hemicellulosen, d. h. sie zeichnet sich außerdem insbesondere durch ihre Reinheit, einen hohen Kristallisations- und Polymerisationsgrad sowie sehr feine faserförmige Strukturen aus. Da die Erzeugung der Bakteriencellulose jedoch sehr aufwendig ist, ist sie auch nur in relativ geringen Mengen verfügbar. Es kann auch zukünftig nicht von einer signifikant preisgünstigeren Herstellung ausgegangen werden. Aufgrund ihres relativ hohen Preises ist sie trotz ihrer hohen Qualität, ihrer Reinheit und der sehr feinen kristallinen Strukturen für den großtechnischen Einsatz im Polymerbereich nur sehr bedingt geeignet. Der hohe Preis der Bakteriencellulose führt dazu, dass insbesondere an erste Anwendungen im medizinischen Bereich gedacht wird. Sie wird beispielsweise als Wundverband oder temporärem Hautersatz oder bei der Herstellung von Audiomembranen eingesetzt [25], [47], [109]. Eine andere in Asien traditionelle Anwendung im Lebensmittelbereich stellen fermentativ aus gesüßter Kokosmilch hergestellte Süßspeisen mit einem hohen Gehalt an bakterieller Cellulose dar.

a) Chemische Cellulosestruktur

Zur Beschreibung der Herstellungsmethoden der auf Cellulose basierenden Biopolymere wird auch hier, wie zuvor bei der Stärke zunächst auf die Mikrostruktur der Cellulose selbst eingegangen.

Cellulose ist ein isotaktisches β-1,4-Polyacetal der Cellobiose (β-1,4-Glucopyranosyl-glucopyranose). Die eigentliche Grundeinheit, die Cellobiose, besteht aus zwei Molekülen Glucose, weshalb man Cellulose auch als (syndiotaktisches) Polyacetal der Glucose bezeichnet. Die Glucopyranoseringe liegen in der Sesselform vor. Die Hydroxygruppen liegen äquatorial und die Wasserstoffatome axial. Sie besitzt die gleiche Summenformel wie Stärke $(C_6H_{10}O_5)_n$.

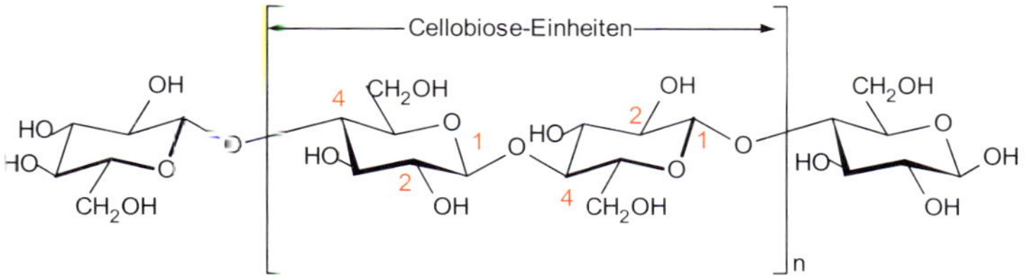

Bild 4.57 Mikrostruktureller Aufbau von Cellulose

Ähnlich wie die verschiedenen Stärken unterscheidet sich auch die Cellulose entsprechend ihrer biologischen Herkunft. So liegt der Polymerisationsgrad z. B. für Cellulose auf Basis von Holz zwischen 2.500 und 3.500 und der von Flachs bei ca. 8.000, während der von Baumwolle zwischen 300 und 1.000 schwankt.

Feste pflanzliche Cellulose bildet ein mikrokristallines Gefüge, in dem kristalline Bereiche mit hohem Ordnungsgrad mit amorphen Bereichen abwechseln. Die kristallinen Bereiche der Cellulose sind polymorph, d. h. je nach Herstellungsbedingungen kristallisieren sie in verschiedenen Kristallstrukturen.

Cellulose ist wie die Stärke sehr hygroskopisch und quillt im Wasser um bis zu 90 %. Sie ist jedoch in Wasser und verdünnten Säuren bei Zimmertemperatur unlöslich. In konzentrierten Säuren tritt unter Hydrolyse der β-glucosidischen Bindungen Lösung ein. Laugen bewirken starke Quellung und Lösung der niedermolekularen Bestandteile. Ein häufig verwendetes Lösungsmittel ist Aceton. Außerdem ist Cellulose u. a. auch in der physiologisch bedenklichen Substanz NMMO (N-Methylmorpholin N-Oxid) und der nach ihrem Entdecker (Mathias Eduard Schweizer, 1818 – 1860, Prof. Chemie, Zürich) benannten wässrigen Lösung von Tetraaminkupfer(II)-hydroxid, $[Cu(NH_3)_4](OH)_2 \cdot 3H_2O$ löslich. Aktuelle Forschungsarbeiten untersuchen auch auf cyclischen Harnstoffderivaten basierende Lösemittel oder ein enzymatisches Lösen der Cellulose.

Im Gegensatz zur Stärke sind die Cellulosemoleküle im Allgemeinen kürzer als die Makromoleküle der Stärke. Sie haben einen linearen Aufbau, d. h. sie besitzen keine verzweigte Kettenstruktur wie das Amylopektin. Ein weiterer struktureller Unterschied zwischen den Polysacchariden Stärke und Cellulose ist in der Art der glucosidischen Verknüpfung zu sehen. Während bei der Stärke überwiegend α-1,4-, α-1,6- und vereinzelt α-1,3-glucosidische Bindungen auftreten, kommen bei der Cellulose ausschließlich β-1,4-glucosidische Verknüpfungen vor. Das bedeutet, dass das die Glucoseeinheiten verbindende Sauerstoffatom im Falle der Cellulose äquatorial angeordnet ist. Im Unterschied dazu hat bei der Stärke das die Glucoseeinheiten verbindende Sauerstoffatom eine axial angeordnete Position. Dieser Unterschied in der Molekülkonformation und die übergeordnete kristalline Struktur der linearen Cellulosemoleküle führen gegenüber der Stärke zu einer höheren chemischen Beständigkeit. Die Kristallinität der faserigen Cellulose, ihre weitgehend chemische Einheitlichkeit sowie die stabilere Art der β-glucosidischen Verknüpfung prädestinieren Cellulose für Einsatzzwecke, bei denen hohe Substitutionsgrade unter nahezu vollständigem Erhalt der Polymerstruktur angestrebt werden. Die Übertragung von Reaktionsprinzipien der Cellulosechemie auf die Stärke ist relativ begrenzt. Im Falle der Stärke behindert ihre natürliche Labilität sowie chemische Uneinheitlichkeit die Ausbildung hoch substituierter intakter Polymerstrukturen.

b) Celluloseregenerate

Bei Celluloseregeneraten handelt es sich im Wesentlichen um chemisch gelöste und wieder neu in Form von Fasern oder Folien zusammengesetzte Cellulose. Für Celluloseregenerate gibt es eine Reihe von Bezeichnungen. Die bekanntesten Bezeichnungen für faserförmige Produkte sind Viskose, Viskoseseide, Zellwolle, Kupferseide, Modal Lyocell, Rayon oder Kunstseide und für Folien aus Celluloseregenerat Zellglas, Cellulosehydrat, hydratisierte Cellulose oder Cellophan. Wesentliche Unterschiede sind hierbei insbesondere die im Rahmen der Herstellung verwendeten Lösemittel und die entsprechende Prozessführung sowie unterschiedliche daraus resultierende Eigenschaften [93], [115].

Die Kupferseide basiert auf dem Schweizer Reagenz, während für die Lyocellfaser NMMO als Lösemittel für Cellulose eingesetzt wird.

4.1 Herstellung von Biopolymeren

Die mengenmäßig bedeutendste Regeneratfaser ist die Viskose oder Viskoseseide. Bei ihr sowie bei der gekräuselten Zellwolle (Schrumpfung gestreckter Viskosefasern in einer heißen Flüssigkeit) führt der Herstellweg über eine Alkalisierung der Cellulose, sodass Alkalicellulose entsteht, die anschließend mit Schwefelkohlenstoff umgesetzt und dann im sauren Bad zu Viskosefasern ausgefällt wird.

Bei der höher festen Modalfaser werden im Viskoseprozess außerdem noch weitere chemische Zusätze (insbesondere Zn-Salze) verwendet.

Rayon und Kunstseide ist eine nicht genormte Sammelbezeichnung für Fasern aus regenerierter Cellulose oder Celluloseacetat.

Herstellung

Die Viskoseherstellung ist ein mehrstufiger Prozess

1.) Zur Viskoseherstellung taucht man zunächst den Holzzellstoff (meist Sulfit-Zellstoff) in 18 – 22 %ige Natronlauge, wobei Alkalicellulose entsteht und die restliche Hemicellulose unter Dunkelfärbung in Lösung geht, Bild 4.58.

   Dann presst man die Alkalicellulose mit Natronlauge ab, lockert sie im Zerfaserer auf und lässt sie für 1 bis 2 Tage bei 30 °C reifen. Bei dieser sogenannten Vorreifung tritt eine Depolymerisation der Alkalicellulose ein. Der Polymerisationsgrad nimmt dabei um den Faktor 3 auf Werte von 300 – 450 ab. Dies ist erforderlich, damit die daraus hergestellte Spinnlösung keine zu hohe Viskosität hat und damit zu schwer verarbeitbar ist.

2.) Anschließend setzt man die vorgereifte Natroncellulose bei 25 – 30 °C etwa 3 h lang mit 35 % Schwefelkohlenstoff in Knetern um. Bei dieser Sulfidierung oder Xanthogenierung entsteht als orangegelbe, zähe Masse Cellulosexanthogenat. Hierbei gehen die primären und sekundären Hydroxygruppen in das Na-Salz des Esters der Dithiokohlensäure über (Bild 4.59).

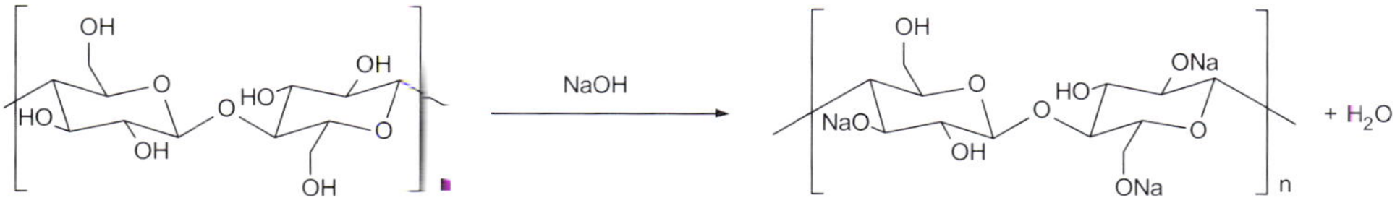

Bild 4.58 Alkalisierung von Cellulose

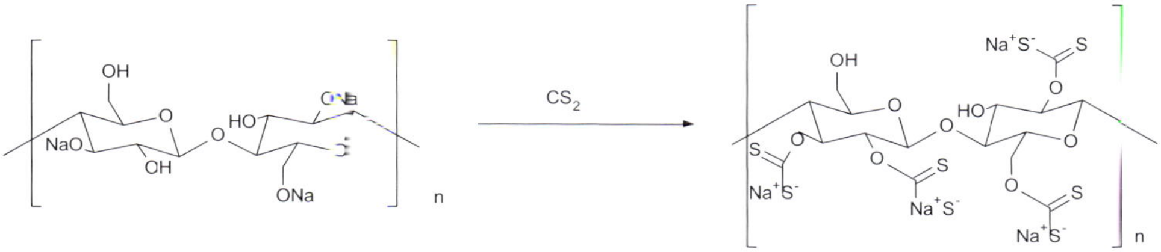

Bild 4.59 Xanthogenierung von Alkalicellulose (Quelle: modifiziert nach Römpp)

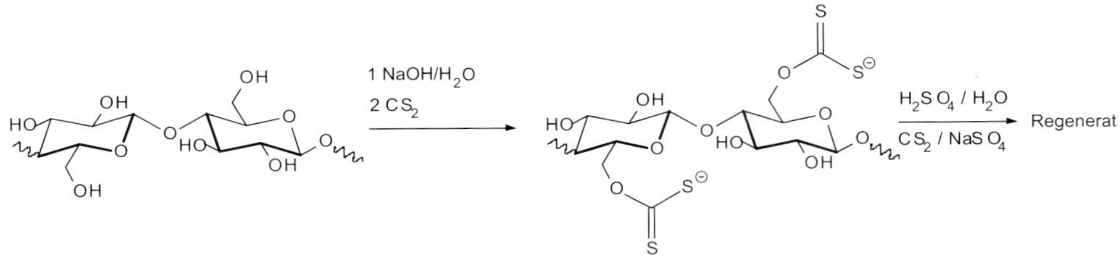

Bild 4.60 Bildung von Viskose aus Cellulosexanthogenat

3.) Im nächsten Schritt wird das Cellulosexanthogenat bei 15 – 17 °C in einer 40 %igen Natronlauge gelöst und die eigentliche Spinnlösung, die zu etwa 85 % Wasser, 7 – 10 % Cellulose, 5 – 8 % reinem NaOH (an Cellulose gebunden) und 2 % S (an Cellulose gebunden) besteht, erhalten. Diese Spinnlösung mit einer Viskosität im Bereich von 3 – 10 Pa s wird filtriert, im Vakuum von Luft befreit (diese würde sonst die Fäden brüchig machen) und etwa 2 bis 3 Tage bei 15 – 18 °C zur „Nachreifung" gelagert, wobei sich komplexe Polymerisationsvorgänge und eine partielle Umxanthogenierung bei einer Abnahme des Xanthogenierungsgrades unter zunehmender Rückbildung der OH-Gruppen abspielen. Eine spinnreife, vorschriftsmäßige Viskose enthält am Ende im Durchschnitt auf zwei $C_6H_{10}O_5$-Gruppen ein Schwefelkohlenstoff-Molekül. Man presst diese Viskose mit Hilfe von Pumpen durch 0,03 – 0,10 mm weite Edelmetall- oder Keramikspinndüsen, die in sogenannte schwefelsäurehaltige Fäll- oder Spinnbäder (z. B. 10 % H_2SO_4, 20 % Na_2SO_4, ca. 1 % $ZnSO_4$, Rest Wasser) eintauchen. Dabei wird die Viskose zunächst koaguliert und zersetzt. Dabei entsteht aus der Viskose unter Ausscheidung von Schwefel, Schwefelwasserstoff, Schwefelkohlenstoff, Natriumsulfat (aus dem Na der Viskose und Schwefelsäure) mit Geschwindigkeit von 2 m/s ein fester Faden aus annähernd reiner Cellulose, der dann fälschlicherweise als Viskosefaser bezeichnet wird, Bild 4.61.

Zur Orientierung der Moleküle bzw. zur Verbesserung der mechanischen Fasereigenschaften werden die Fasern nach dem Verlassen des Spinnbades in heißer Luft verstreckt. Abschließend werden die noch säurehaltigen Fäden in Heißwasserbädern von anhaftenden Fällbadresten befreit, getrocknet, mit Chlorlauge oder Wasserstoffperoxid gebleicht und für textile Anwendungen mit Gleitmittel versehen (aviviert). Neben dem Verstrecken und der Nachbehandlung der Fasern bestimmen insbesondere auch die Herstellparameter, insbesondere die Spinnbedingungen (z. B. Geschwindigkeit, Spinnbadzusammensetzung), die resultierenden Fasereigenschaften.

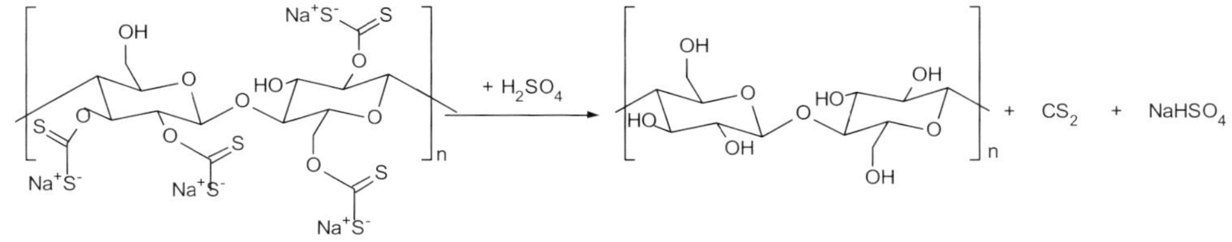

Bild 4.61 Ausfällen der Cellulose aus der Viskoselösung

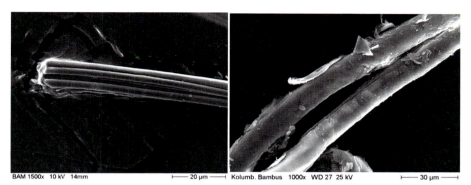

Bild 4.62 Rasterelektronenmikroskopische Aufnahme von Bambus-Viskose (links) im Vergleich zu nativen Bambusfaser (rechts)

Die bei der Viskosefaserherstellung entstehenden, teilweise äußerst giftigen, brennbaren und mit Luft explosionsfähige Gemische bildenden Zersetzungsprodukte stellen nicht nur ein Arbeitssicherheits-Problem dar, sondern sind auch schädlich für die Umwelt.

Neben der Textilindustrie werden Viskosefasern u. a. aufgrund ihrer guten thermischen Stabilität und ihres hohen E-Moduls auch sehr viel in Autoreifeneinlagen als Verstärkungsfasern insbesondere bei Hochgeschwindigkeitsreifen (Cord) weiterverarbeitet. Die jährliche Produktion von Fasern auf Basis regenerierte Cellulose liegt bei 2 – 2,5 Mio. t/a und ist um ein vielfaches höher als die Menge der Folien in Basis regenerierte Cellulose.

Als Biopolymerwerkstoff sind insbesondere Zellglas- oder Cellophanfolien auf dem Markt. Die schon seit langem bekannten aber insbesondere durch innovative Beschichtung weiterentwickelten Celluloseregenerate erleben jetzt vor dem Hintergrund der veränderten gesetzlichen und ökologischen Rahmenbedingungen als Verpackungswerkstoff eine verstärkte Nachfrage, da sie zweifellos biologisch abbaubar sind und auf einem regenerierbaren Rohstoff basieren. Weil es sich hierbei jedoch um keine klassisch thermoplastischen Werkstoffe handelt, nehmen sie im Rahmen der Biopolymere eine Sonderstellung ein. Ein bekannter Hersteller von unterschiedlich beschichteten Celluloseregeneratfolien ist z. B. die belgische Firma Innovia Films.

Um Cellulose thermoplastisch verarbeitbar zu machen, muss sie zur Unterbindung der starken zwischenmolekularen Wechselwirkung modifiziert werden (siehe folgenden Abschnitt Cellulosederivate).

c) Cellulosederivate

Bei den Cellulosederivaten werden die zwei Hauptgruppen Celluloseether und Celluloseester unterschieden.

Celluloseether

Die verschiedenen überwiegend durch Veretherung mit Alkoholen erzeugten Celluloseether (vgl. Bild 4.63) dienen hauptsächlich als Additive zur Viskositätsstabilisierung oder als Wasserbinder in Baustoffen, Klebstoffen, Kosmetika, Waschmittel, Farben, Bohrflüssigkeiten oder in der Papierindustrie.

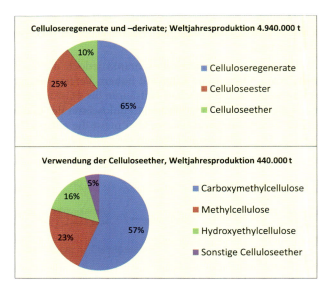

Bild 4.67 Weltjahresproduktion an Celluloseregeneraten und -derivaten

tat möglich. Der Begriff Triacetat wird jedoch oft bereits ab einem Substitution der Hydroxygruppen > 92 %, d. h. ab einem Substitutionsgrad > 2,75 verwendet [7], [93], [97].

Grundsätzlich gilt jedoch, dass sich mit zunehmendem Substitutionsgrad die thermoplastische Verarbeitbarkeit aufgrund der zunehmenden inneren Weichmachung erhöht, während sich gleichzeitig aber die biologische Abbaubarkeit aufgrund der zunehmenden Abweichung von der nativen Cellulosestruktur verringert.

Da bei der Herstellung jedoch eine direkte partielle Acetylierung nicht möglich ist, erfolgt auch die Herstellung von Celluloseacetaten mit geringem Substitutionsgrad über die Herstellung eines Triacetats mit anschließender partieller Hydrolyse.

Bekannte Hersteller von Celluloseestern als Biopolymer, d. h. biologisch abbaubare, jedoch oft nicht als kompostierbar zertifizierte Celluloseestertypen sind z. B. die Firmen Albis Plastic GmbH oder Mazzucchelli SPA (siehe dazu die Abschnitte 8.4.5 und 8.4.72). Hierbei handelt es sich meist um Celluloseacetate mit niedrigen Substitutionsgraden und daher zusätzlichen Additiven zur äußeren Weichmachung.

Daneben gibt es noch verschiedene traditionelle Hersteller von Celluloseestern wie die Firma Eastman.

Die weltweite Gesamtproduktion an Celluloseregeneraten und -derivaten beträgt derzeit ca. 5 Mio. t.

4.1.4.3 Lignin

Der Vollständigkeit halber sollen hier auch noch kurz Anwendungen von Lignin im Polymerbereich dargestellt werden. Lignin ist ein dreidimensional vernetztes Makromolekül, das

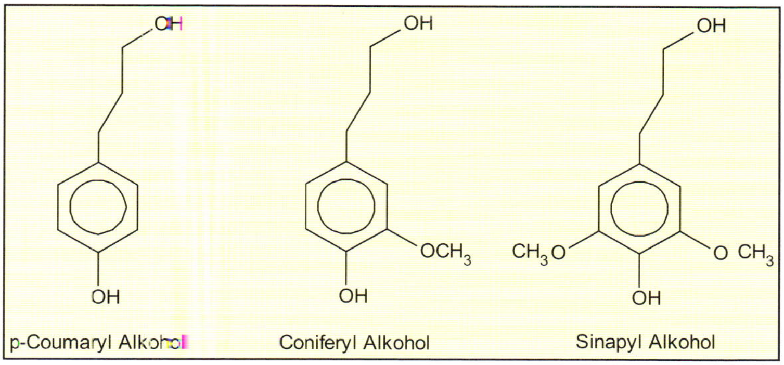

Bild 4.68 Strukturen der wichtigsten am Aufbau von Lignin beteiligten Monolignole (Quelle: modifiziert nach [93])

u. a. aus drei verschiedenen einwertigen Alkoholen, den sogenannten Lignolen aufgebaut ist, Bild 4.68.

Lignin fällt insbesondere in großen Mengen als Nebenprodukt bei der Zellstoffgewinnung an. Je nach Aufschlussverfahren sind die Eigenschaften des herausgelösten Lignins unterschiedlich. Im Rahmen einer Kreislaufführung wird das Lignin nahezu vollständig, insbesondere zur Bereitstellung von Prozessenergie thermisch verwertet. Es gibt jedoch auch Ansätze für eine stoffliche Nutzung des Lignins, bei denen das Lignin als formbares Bindemittel überwiegend für naturfaserverstärkte Polymere oder auch für die Spanplattenherstellung verwendet wird. Hierbei handelt es sich jedoch nur bedingt um echte thermoplastische Polymere.

Ein anderer Ansatz ist eine Alkoxylierung des Lignins und eine anschließende Umsetzung mit Isocyanaten zu Polyurethan oder eine Hydrogenolyse bzw. Pyrolyse von Lignin zur Gewinnung verschiedener aromatischer Komponenten wie Phenole oder Benzole.

4.1.4.4 Pflanzenölbasierte Biopolymere

Grundsätzlich können auch Pflanzenöle zur Erzeugung verschiedener Kunststoffe wie Polyester, Polyether oder Polyamiden sowie auch vernetzter Kunststoffe wie Polyurethan einge-

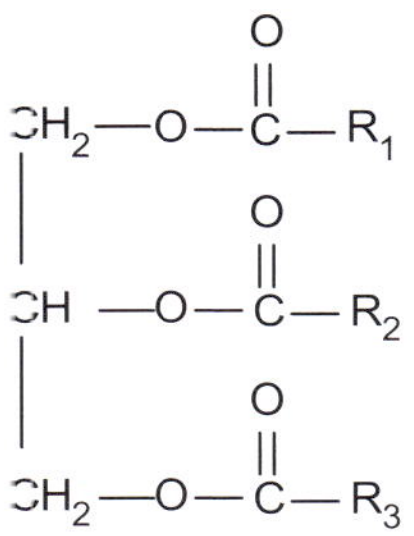

Bild 4.69 Grundstruktur der Fette (Triglyceride)

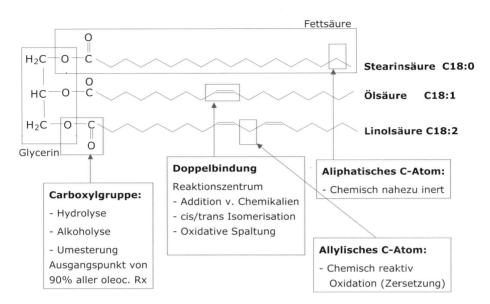

Bild 4.70 Eigenschaftsprofil der Pflanzenöle wird durch das Fettsäurespektrum bestimmt

setzt werden. Da diese jeweiligen Werkstoffe innerhalb der entsprechenden Polymerfamilie etwas ausführlicher dargestellt werden, soll hier an dieser Stelle nur kurz auf die Pflanzenöle als Polymerrohstoff eingegangen werden.

Bei Pflanzenölen handelt es sich grundsätzlich um Triglyceride auf Basis unterschiedlicher Fettsäuren.

Die grundsätzlich bestgeeigneten Pflanzenöle zur Polymererzeugung sind die, mit einem möglichst hohen Anteil ungesättigter Verbindungen, allylischen C-Atomen und Estergruppen. Diese reaktionsfähigen Gruppen werden dann genutzt, um polymerisierbare Verbindungen in die Triglyceride einzuführen, auf deren Basis dann eine Polymerisation/Vernetzung mittels der klassischen Polymerisationstechniken erfolgt.

4.1.4.5 Chitin, Chitosan

Beim Chitin handelt es sich um das in der Natur nach Cellulose am weitesten verbreitete, aus tierischen Organismen isolierte Aminozucker-haltige Polysaccharid der allgemeinen Formel $(C_8H_{13}NO_5)_x$ (Bild 4.71).

Es liegt oft in hochgradig geordneten fibrillären Strukturen, meist im Verbund mit Proteinen oder mineralischen Verbindungen vor und besteht aus linearen Ketten von β-1,4-glykosidisch verknüpften N-Acetyl-D-glucosamin-(NAG-)Einheiten mit einer mittleren Molmasse im Bereich von ca. 400.000 g/mol. Damit kann Chitin auch als Derivat der Cellulose (mit 2-Acetamido- anstelle der 2-Hydroxy-Gruppen) formuliert werden [93]. Chi-

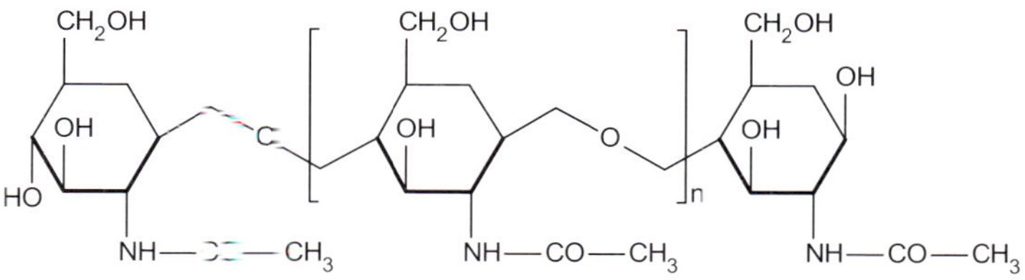

4.1 Herstellung von Biopolymeren

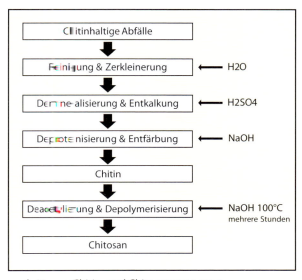

Bild 4.71 Strukturformel von Chitin

tin weist eine teilkristalline Struktur auf und übt bei verschiedenen wirbellosen Tieren auch eine ähnliche Stützfunktion wie die Cellulose bei Pflanzen aus.

Insbesondere die Panzer (Außenskelette) der Arthropoden (Krebse, Insekten, Spinnen Tausendfüßler usw.) sind aus Chitin aufgebaut. Auch der Kokonfaden bestimmter Insektenlarven besteht aus Chitin. Außerdem findet man es in den Skleroproteinen (Strukturproteinen) von Mollusken, von Armfüßlern und Moostierchen sowie in den Zellwänden von Algen, Hefen, Pilzen und Flechten. Chitin kommt in der Natur nicht in hochreiner Form vor. Ziemlich reines Chitin liegt in Hummerschalen oder Maikäferflügeln vor.

Eine Verwendung von aufwendig gereinigtem und regeneriertem Chitin ist der Einsatz in abbaubaren Wundverbänden bzw. auch als künstlicher Hautersatz. Die zurzeit am einfachsten erschließbare Chitinquelle sind Abfälle aus der Fischereiwirtschaft (derzeit ca. 80.000 t/a) [101], [144]. Zur Chitinisolierung und -gewinnung werden die Abfälle zunächst gereinigt und zerkleinert. Im Weiteren werden sie zur Entkalkung mit verdünnter Salzsäure bei Raumtemperatur und anschließend zur Entfernung der Proteine und Farbstoffe mit 1-2-molarer Natronlauge behandelt, Bild 4.72.

Bild 4.72 Herstellungsschritte zur Chitin- und Chitosanerzeugung

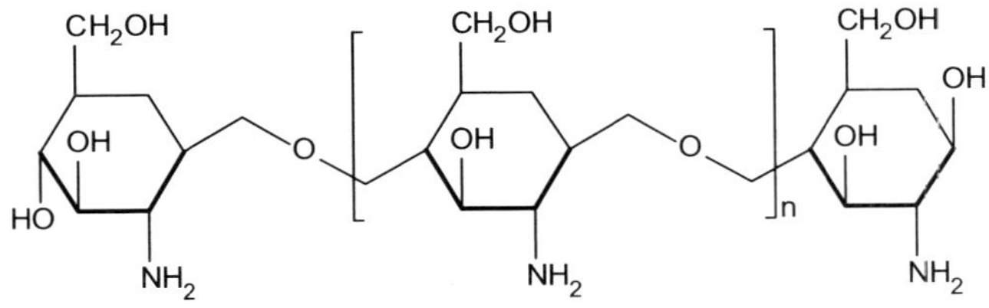

Bild 4.73 Strukturformel des Chitosan

Bei der weiteren Zerlegung des Chitins durch eine mehrstündige alkalische Behandlung bei Temperaturen über 100 °C entstehen Acetate und durch Abspaltung von Acetylketten das desacetylierte und teilweise depolymerisierte, kristallisierbare Chitosan, Bild 4.73. Da die glucosidische Verknüpfung recht stabil gegenüber Alkalien ist, kommt es bei der Deacetylisierung nicht zu einer ausgeprägten Depolymerisierung. Bei diesem Prozess werden am Ende Deacetylierungsgrade von bis zu 95 % erreicht. Der Übergang zum Chitosan ist jedoch nicht scharf definiert. Chitosan wird auch als Sammelbezeichnung für Chitineinheiten mit variablem, niedrigem Acetylierungsgrad verwendet.

Die Herstellung von Chitosan aus Schalentierabfällen besteht aus den Hauptschritten Mahlen, Demineralisieren, Eiweißentfernung, Waschen und Deacetylisierung. Die Eigenschaften hängen stark vom resultierenden Molekulargewicht und vom Restacetylgehalt ab. Chitosan ist wie Chitin ebenfalls bioabbaubar, biokompatibel und hat eine antibakterielle Wirkung. Im Gegensatz zum Chitin ist Chitosan jedoch bereits in schwachen Säuren löslich. Die Chemie von Chitosan und anderen Chitinderivaten ist der Cellulosechemie ähnlich, jedoch ist Chitin für entsprechende Modifizierungsreaktionen u. a. aufgrund der teilkristallinen Strukturen, der Unlöslichkeit in Wasser und organischen Lösemittel und der allgemein eher geringen Reaktivität vergleichsweise schwierig zugänglich. Mittels geeigneter Lösemittel kann Chitosan zu Fasern, Folien oder Beschichtungen umgewandelt werden. Filme aus Chitosan zeigen eine geringe Sauerstoffdurchlässigkeit.

Verwendet wird Chitin und Chitosan derzeit u. a. zur Nassverfestigung als Papier- und Färbereihilfsmittel, Bindemittel für Vliesstoffe, Klebstoff in der Leder-Industrie für Wursthüllen, Dialysemembranen, als Chelatisierungs- und Flockungsmittel z. B. für Abwasserbehandlungen, zur Herstellung von Kontaktlinsen oder als Zusatz in Körperpflegemitteln und als Ballaststoff in Lebensmitteln.

4.1.4.6 Casein-Kunststoffe (CS oder CSF)

Bei den Casein-Kunststoffen, die aufgrund ihrer Ähnlichkeit zum Naturhorn oft auch als Kunsthorn bezeichnet werden, handelt es sich um eine Gruppe von Kunststoffen auf Basis des Caseins als wichtigsten Eiweiß-Bestandteils der Milch. Das aus Magermilch gewonnene und plastifizierte Casein wird durch Einwirkung von Formaldehyd und Austritt von Wasser zu einem vernetzten Kunststoff verarbeitet. Daher wird bei diesen Werkstoffen auch manchmal von Casein-Formaldehyden gesprochen.

Da die Härtung je nach Dicke des Werkstücks bis zu mehreren Wochen dauern kann und auch die Trocknung meist ein langwieriger Prozess ist, sind die Casein-Kunststoffe weitgehend durch andere Kunststoffe verdrängt worden. Früher wurden sie insbesondere beim

Färben von Leder und Stoffen, für Isolationszwecke sowie für Knöpfe, Griffe, Schnallen, Schmuck und dergleichen eingesetzt.

Außerhalb der Kunststoff- und Lebensmittelindustrie wurden und werden teilweise Caseine heute noch als Bindemittel für Casein-Anstrichfarben, Caseinleime zur Sperrholzverleimung, zur Etikettierung oder zum Streichen von Papier, zur Herstellung von Klebstoffen oder Appreturen und bei der Herstellung von Linoleum eingesetzt.

4.1.4.7 Gelatine

Bei Gelatine handelt es sich nicht um einen thermoplastischen Polymerwerkstoff. Da es sich jedoch dabei um eine wasserlösliche polymere Verbindung handelt, wird sie hier der Vollständigkeit halber kurz dargestellt.

Gelatine ist ein Polypeptid mit einer Molmasse von 15.000 bis 250.000 g/mol. Sie wird überwiegend durch Hydrolyse des in Haut und Knochen von Tieren enthaltenen Collagens unter sauren oder alkalischen Bedingungen gewonnen. Dabei kommt es zu einer Denaturierung des Collagens. Wesentliche Eigenschaften der Gelatine sind die Biokompatibilität, eine gute Heißwasserlöslichkeit und die Fähigkeit Gele mit variabler Viskosität zu erzeugen. Weltweit werden insgesamt ca. 125.000 t/a. Gelatine erzeugt [93]. Sie wird in der Nahrungsmittel- bzw. Getränke-Industrie (Herstellung von Sülzen, Geleespeisen, Puddings, Speiseeis, Joghurts, Klärung von Weinen und Fruchtsäften), in der Pharmazie und Medizin (Herstellung von Kapseln, Bindemittel für Tabletten, Stabilisator für Emulsionen etc.), in der Kosmetikindustrie (Bestandteil von Salben, Pasten und Cremes), in der Foto-Industrie (Herstellung von Halogensilber-Emulsionen etc.) und in vielen weiteren Bereichen eingesetzt.

4.1.5 Blends

Durch Blending sind in der letzten Jahren eine Vielzahl neuer Biopolymertypen mit deutlich verbesserten Eigenschaftsprofilen entstanden. Nur bei sehr guter Kompatibilität der Blendkomponenten entstehen dabei jedoch homogene Blends (homogene Polymerlegierungen, homogene Polymermischungen), bei denen zwei oder mehrere Blendkomponenten bis auf die molekulare Ebene thermodynamisch mischbar sind. Bei den Biopolymeren sind

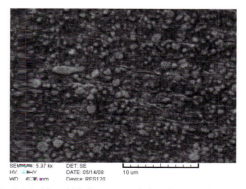

Bild 4.74 Schnitt durch ein Stärkeblend (diskontinuierliche Phase = thermoplastische Stärke)

jedoch homogene Blends eher die Ausnahme, meist entstehen morphologische Mehrphasensysteme (heterogene Blends). Im Gegensatz zu den homogenen Blends (oder auch Copolymeren) zeigen diese heterogenen Blends meist keine einheitlichen Eigenschaften wie beispielsweise Glas- oder Schmelztemperatur.

Beim Blending von Biopolymeren werden derzeit bevorzugt Zweiphasenblends (Biblends oder binäre Blends) erzeugt, d. h. es werden zwei unterschiedliche Biopolymere gemischt. Dabei wird verstärkt an der Kompatibilität und der möglichst feinen Dispergierung bzw. Verteilung der verschiedenen Phasen gearbeitet. So muss zum Beispiel zur Hydrophobierung eines hydrophilen Biopolymers die kontinuierliche Phase durch die hydrophobe Komponente gebildet werden. Die verfahrenstechnisch bei diesen heterogenen Blends minimal realisierbare Phasengröße beträgt 0,5 µm, Bild 4.74.

Neben der Optimierung der Blendmorphologie werden außerdem meist auch geeignete Verträglichkeitsmacher zur Erhöhung der Kompatibilität der Blendkomponenten mit oft unterschiedlicher Polarität eingesetzt. Die Verträglichkeitsmacher lagern sich bevorzugt an den Grenzflächen der beteiligten Polymere an oder dringen sogar etwas in die Komponenten ein. Sie erhöhen die Grenzflächenqualität, d. h. die Adhäsion zwischen den verschiedenen Phasen. Gleichzeitig reduzieren sie die Oberflächenspannung und somit auch die Teilchengröße sowie die Koagulation der dispersen Phase.

Die meisten Biopolymerblends basieren auf thermoplastischer Stärke, die durch Zugabe anderer Biopolymere wie Celluloseacetat, Polycaprolacton oder anderer Polyester hydrophobiert wird und eine deutlich höhere Zähigkeit aufweist. Erst durch das Eincompoundieren anderer Blendkomponenten wird thermoplastische Stärke zu Folien verarbeitbar. Eine große Anzahl verschiedenster Stärkeblends wird von der Fa. Novamont hergestellt und vertrieben. Deutsche Hersteller von Stärkeblends sind u. a. die Fa. Biotec oder BIOP. Weitere aktuelle Stärkeblends sind die Werkstoffe der Fa. Cereplast. Da diese Blends jedoch aus Stärke und konventionellem Polypropylen bestehen, sind sie als Biopolymer umstritten.

Eine weitere wichtige Gruppe der Biopolymerblends sind Mischungen auf Basis des Copolyesters Polybutylenadipat-Terephthalat der Fa. BASF. Insbesondere für Folienanwendungen wird dieser Werkstoff gerne z. B. von der deutschen Fa. FKuR mit PLA geblendet.

Auf Basis von PLA werden in den letzten Jahren ebenfalls immer öfter Blends, meist mit anderen Polyestern entwickelt. So stellt die Fa. BASF gerade ein neues Biopolymer auf Basis von PLA und ihres eigenen Polyesters unter dem Handelsnamen Ecovio her.

4.2 Chemische Struktur der Biopolymere

Wahrscheinlich aufgrund der noch fehlenden Werkstoffmengen oder vielleicht auch einfach aufgrund bisher fehlender Bemühungen gibt es meist keine klare chemische Strukturierung/Zuordnung der Biopolymere. So wird beispielsweise häufig bei Polylactiden, Polyhydroxyalkanoaten, Polycaprolacton und Bio-Polyestern von chemisch verschiedenen Biopolymerwerkstoffgruppen gesprochen, obwohl es sich bei all diesen Polymeren um Polyester handelt.

Wie bei den konventionellen Kunststoffen auch, basieren viele (makroskopischen) Verarbeitungs-, Gebrauchs- und Entsorgungseigenschaften, unabhängig von den eingesetzten

4.2 Chemische Struktur der Biopolymere

Rohstoffen und dem Herstellungsprozess, auf der chemischen Struktur, d. h. der Konstitution, Konformation und Konfiguration der Moleküle sowie der daraus resultierenden übergeordneten Mikrostruktur, d. h. insbesondere zwischenmolekulare Wechselwirkungen und Kristallinität.

In Anlehnung an die Nomenklatur der konventionellen Kunststoffe wird daher im Folgenden eine chemische Charakterisierung und Strukturierung der verschiedenen Biopolymere vorgenommen. Aus chemischer Sicht lassen sich dabei die derzeit bekannten und im vorigen Kapitel beschriebenen Biopolymere in die 6 Hauptgruppen der Polymethylene, Polyether, Polysaccharidpolymere, Polyester, Polyamide und Polyurethane sowie daraus hergestellte Copolymere und Blends einordnen.

4.2.1 Polymethylene

Zur Familie der Polymethylene gehören allgemein lineare Homopolymerisate, die aus ungesättigten Monomeren direkt polymerisiert werden oder durch polymeranaloge Stoffumwandlungen entstehen. Das bedeutet, dass die Hauptkette nur aus gesättigten Kohlenstoffverbindungen besteht. Umgekehrt heißt das, dass es sich bei den Biopolymeren dieser Polymerfamilie im Vergleich zu den anderen Biopolymeren aufgrund der in der Hauptkette fehlenden für Mikroorganismen zugänglichen Heteroatome um sehr schlecht oder auch gar nicht abbaubare Biopolymere handelt. Der einfachste Vertreter dieser Polymerfamilie ist das biobasierte Polyethylen (PE).

4.2.1.1 (Bio-)Polyethylen (Bio-PE)

Das auf Bioethanol basierende Bio-Polyethylen (Bio-PE), dass derzeit von der Fa. Braskem als einem der ersten Hersteller in den Markt eingeführt wird, verfügt nach Aussagen des Herstellers über die gleiche Strukturformel wie das konventionelle PE. Daher kann von ähnlichen Eigenschaften ausgegangen werden.

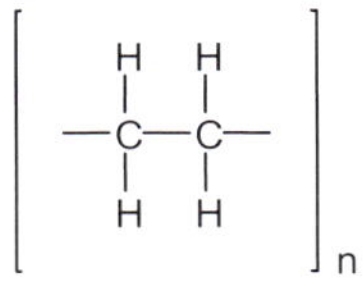

$$\left[\begin{array}{c} \text{H} \quad \text{H} \\ | \quad | \\ -\text{C}-\text{C}- \\ | \quad | \\ \text{H} \quad \text{H} \end{array} \right]_n$$

Bild 4.75 Strukturformel Bio-Polyethylen

4.2.1.2 Polyvinyle (Polyvinylalkohol)

Im Vergleich zum PE ist bei den Polyvinylen ein Wasserstoffatom durch andere Polymerbausteine wie Chlor, eine Methylgruppe oder einen Benzolring ersetzt. Diese unterschiedlichen Bausteine führen dann zu Kunststoffen mit völlig unterschiedlichem Eigenschaftsprofil, wie beispielsweise ein Werkstoffvergleich der Polyvinyle Polyvinylchlorid (PVC), Polystyrol (PS), Polypropylen (PP) und Polyethylen (PE) deutlich zeigt.

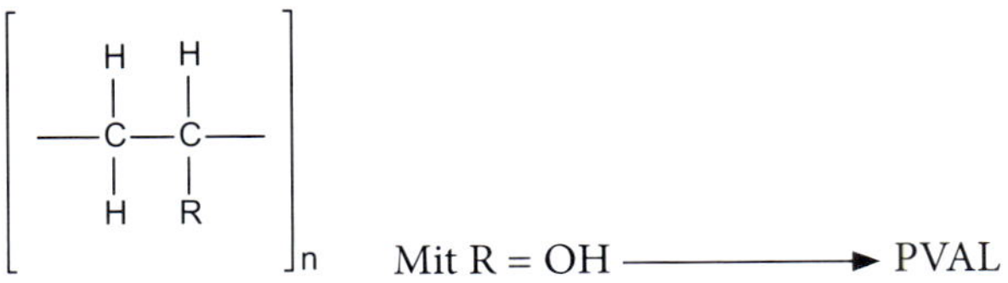

Bild 4.76 Strukturformel Polyvinyle

Beim PVAL wird Wasserstoff durch eine Hydroxygruppe ersetzt.

Aufgrund der Unbeständigkeit des Vinylalkoholmonomers, das sich im Moment seiner Entstehung aus Acetylen (C_2H_2) und Wasser (H_2O) aufgrund der energetisch begünstigten Ketonform (Keto-Enol-Tautomerie) direkt wieder in Acetaldehyd umlagert, kann PVAL nicht direkt, sondern muss über einen Umweg aus Polyvinylacetat hergestellt werden. Durch die Acetatgruppe wird die Enol-Form für die anschließende Polymerisation zum Polyvinylacetat stabilisiert. Anschließend wird das Polyvinylacetat durch eine Umesterungsreaktion zu PVAL verseift, Bild 4.77. Der Verseifungsgrad liegt dabei üblicherweise bei teilverseiften Typen bei Werten zwischen 75 und etwas über 90 %, während bei vollverseiften Typen der Verseifungsgrad bei 98 bis nahezu 100 % liegt.

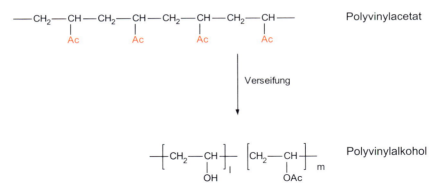

Bild 4.77 Teil- und Vollverseifung des PVAc zum PVAL (Quelle Kuraray)

Durch den Verseifungsgrad ändern sich insbesondere die resultierende Kristallinität, die Wasserlöslichkeit, die Verarbeitbarkeit und auch die mechanischen Materialkennwerte.

Da das Polyvinylacetat überwiegend in einer sogenannten Kopf-Schwanz-Struktur und nur zu geringen Anteilen in einer sogenannten Kopf-Kopf-Struktur polymerisiert, liegt auch nach der Herstellung des PVAL sowohl eine Kopf-Schwanz als auch eine Kopf-Kopf-Anordnung vor, wobei jedoch auch beim resultierenden PVAL die Kopf-Schwanz-Strukturen mit Werten über 95 % meist deutlich überwiegen, Bild 4.78.

Bild 4.78 Kopf-Schwanz-Strukturen (links) und Kopf-Kopf-Struktur (rechts) beim PVAL [46]

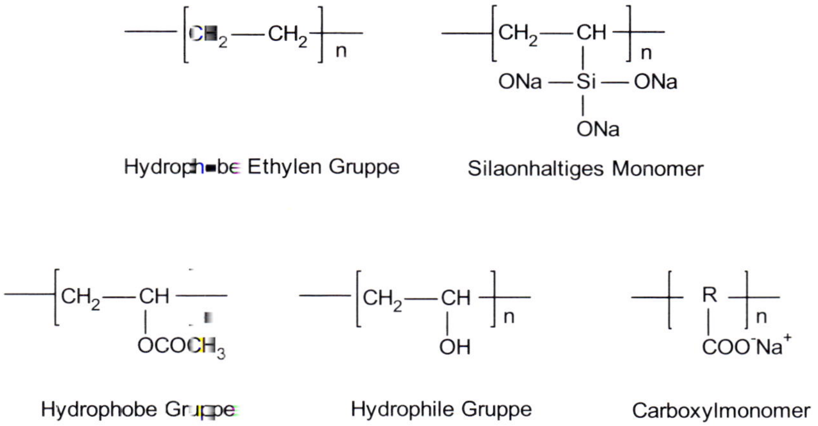

Bild 4.79 Comonomere zur gezielten Anpassung/Variation der PVAL-Eigenschaften (Quelle: modifiziert nach Kuraray)

Neben Vinylacetat werden zur Modifizierung verschiedenste Comonomere, wie beispielsweise zur Hydrophobierung und Modifizierung der mechanischen Gebrauchs- sowie thermoplastischen Verarbeitungseigenschaften Ethylengruppen (30 – 70 %) oder zur Funktionalisierung (z. B. Vernetzung oder für Papierbeschichtungen) auch Silanolgruppen oder Carboxylgruppen, mit einpolymerisiert, sodass am Ende eine große Anzahl an variablen Co- und Terpolymeren auf PVAL-Basis entstehen.

4.2.1.3 Polyvinylacetale (Polyvinylbutyral)

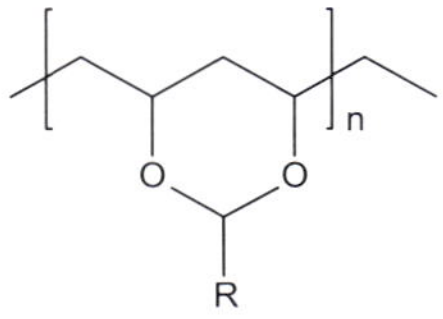

Bild 4.80 Strukturformel Polyvinylacetale

Mit $R = C_4H_7$ für PVB

4.2.2 Polyether (Polyglykole)

Allgemein kann eine Etherbindung durch folgenden Aufbau charakterisiert werden.

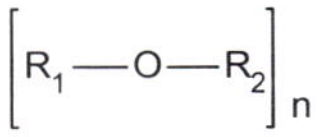

Bild 4.81 Strukturformel Ether

Bei R1 = R2 spricht man von einfachen oder symmetrischen und andernfalls von gemischten oder unsymmetrischen Ethern. Sie entstehen beispielsweise durch die Reaktion von Alkoholen (z. B. Ethanol) mit bestimmten Säuren (z. B. Schwefelsäure).

Bei den Biopolymeren innerhalb dieser Polymerfamilie der Polyether handelt es sich genauer betrachtet um lineare, aliphatische Polyether mit folgender allgemeinen Struktur:

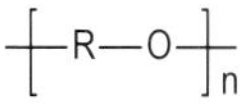

$$-[R-O]_n-$$

Bild 4.82 Strukturformel Polyether

Je nach dem Etherrest ergeben sich dabei unterschiedliche wasserlösliche Kunststoffe. Die wichtigsten Biopolymere dieser Polymerfamilie der Polyalkylenglykole sind das auf einfachen Ethern basierenden Polyethylenoxid (PEOX), das auch als Polyethylenglykol (PEG) bezeichnet wird, und das Polypropylenoxid (PPOX). Neben den Homopolymerisaten sind auch Copolymere möglich. Daraus gebildete kurzkettige Copolymere werden beispielsweise auch in der Tensidchemie verwendet. Mit zunehmendem Molekulargewicht verringert sich die vollständige biologische Abbaubarkeit. Die Bezeichnung für diese Polyalkylenglykole lautet kurz auch Polyglykole.

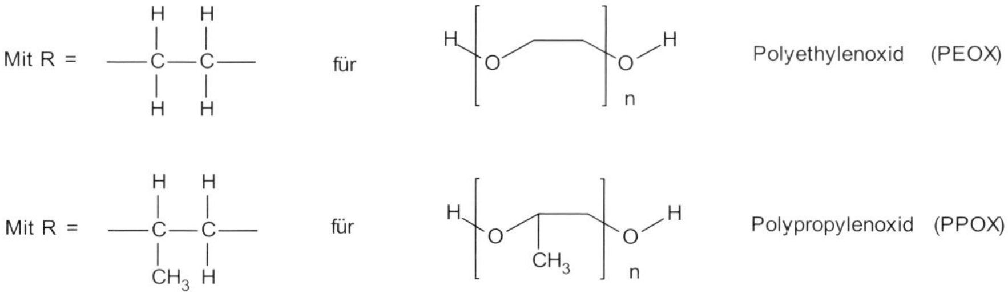

Bild 4.83 Strukturformel Polyethylenoxid und Polypropylenoxid

4.2.3 Polysaccharidpolymere

Die bekanntesten und bedeutendsten Biopolymere dieser Polymerfamilie basieren auf den Polysacchariden Cellulose und Stärke. Die ältesten biobasierten Polymere sind dabei aufgrund der damaligen Rohstoffverfügbarkeit der Cellulose die Celluloseregenerate und -derivate. Die ältesten Vertreter der seit 20 bis 25 Jahren erforschten neuartigen Biopolymere sind die stärkebasierten Polymere.

Aufgrund der glucosidischen Verknüpfung handelt es sich aus chemischer Sicht bei den Polysaccharidpolymeren eigentlich auch um über Etherverbindungen verknüpfte Polyether, deren Monomerbausteine entweder aus Glucose oder einem modifizierten, d. h. wiederum verehterten oder veresterten Glucosering bestehen. Da die Hauptketten u. a. durch entsprechende Amylasen und Cellulasen gut gespalten werden und die resultierenden Molekülbausteine mittels extrazellulärer Enzyme auch weiter gut verstoffwechselt werden können, sind die auf nativer Cellulose oder Stärke basierenden Biopolymere sehr gut biologisch abbaubar.

4.2.3.1 Celluloseregenerate (CH)

Die Struktur der unter verschiedensten Namen und überwiegend in Faser- und Folienform vorliegenden Celluloseregeneraten (CH steht für Cellulosehydrat oder hydratisierte Cellulose), entspricht vereinfacht der Struktur der natürlichen Cellulose.

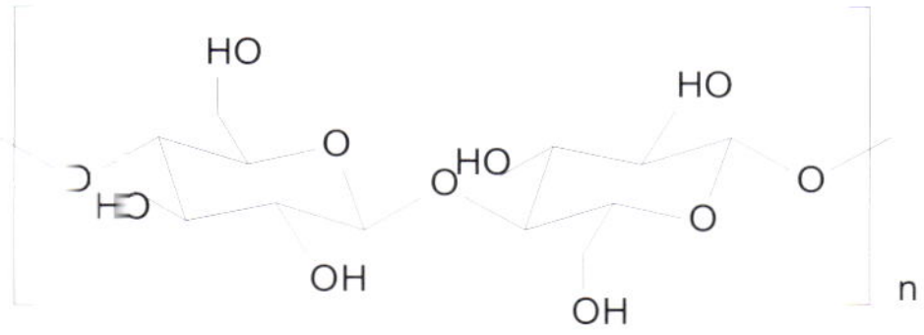

Bild 4.84 Strukturformel Celluloseregenerat

Obwohl durch entsprechende Prozessparameter die Mikrostruktur (z. B. Kristallinität) der Celluloseregenerate in gewissem Grad beeinflusst werden kann, können durch die resultierende celluloseähnliche Struktur die Eigenschaften der Celluloseregenerate, wie z. B. die gute Abbaubarkeit, die relativ hohe Dichte, die Hydrophilie, die gute Bedruckbarkeit oder auch die nicht mögliche thermoplastische Verarbeitbarkeit, erklärt werden.

4.2.3.2 Celluloseether (MC, EC, HPC, CMC, BC)

Obwohl man die Cellulose aus chemischer Sicht aufgrund des verknüpfenden Sauerstoffatoms auch schon als Ether auffassen könnte, wird von den Celluloseethern nur dann gesprochen, wenn die Monomere schon aus Ether bestehen. Je nach Rest der glucosidischen Ether entstehen dann die in Bild 4.86 und Tabelle 4.3 dargestellten verschiedenen Celluloseether.

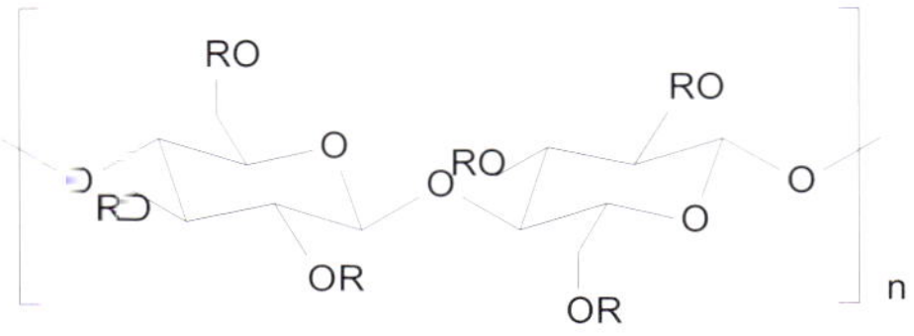

Bild 4.85 Strukturformel Cellulosetriether

Darüber hinaus existieren aufgrund der mehreren pro Glucosering zur Veretherung zur Verfügung stehenden Hydroxygruppen auch entsprechende Mischderivate, wie z. B. eine Hydroxypropylmethylcellulose sowie auch partiell substituierte Typen.

Neben den verschiedenen Resten selbst werden die Eigenschaften der Celluloseether auch durch den Substitutionsgrad, d. h. die Anzahl der durch die verschiedenen Reste substituierten Hydroxygruppen je Glucoseeinheit bestimmt. Der maximal mögliche Substitutionsgrad ist dabei drei, da jede Glucoseeinheit über drei Hydroxygruppen verfügt. Allgemein kann in diesem Zusammenhang gesagt werden, dass sich die Eigenschaften der Celluloseether mit zunehmendem Substitutionsgrad auch stärker von den Eigenschaften der reinen Cellulose entfernen.

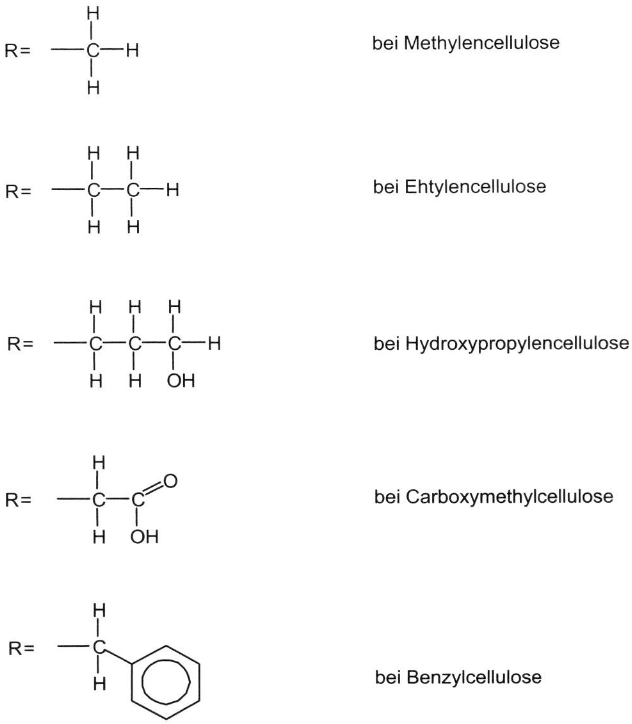

4 Herstellung und chemischer Aufbau von Biopolymeren

R= —CH₂—H   bei Methylencellulose

R= —CH₂—CH₂—H   bei Ehtylencellulose

R= —CH₂—CH₂—CH(OH)—H   bei Hydroxypropylencellulose

R= —CH₂—COOH   bei Carboxymethylcellulose

R= —CH₂—C₆H₅   bei Benzylcellulose

Bild 4.86 Struktur verschiedener Celluloseether

Tabelle 4.3 Übersicht über den Aufbau der wichtigsten Celluloseether
(Cell steht hier für den Celluloserest an der Hydroxygruppe)

Rest R		Celluloseether (Cell-O-R)
CH_3	Cell-O-CH_3	Methylcellulose
C_2H_5	Cell-O-C_2H_5	Ethylcellulose
C_3H_6OH	Cell-O-C_3H_6OH	Hydroxypropylcellulose
CH_2COOH	Cell-O-CH_2COOH	Carboxymethylcellulose
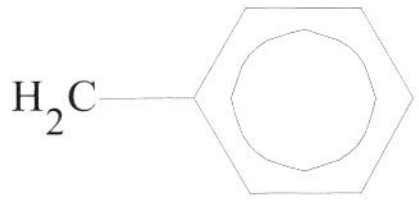 H_2C-C₆H₅	Cell-O-CH_2-Benzolring	Benzylcellulose

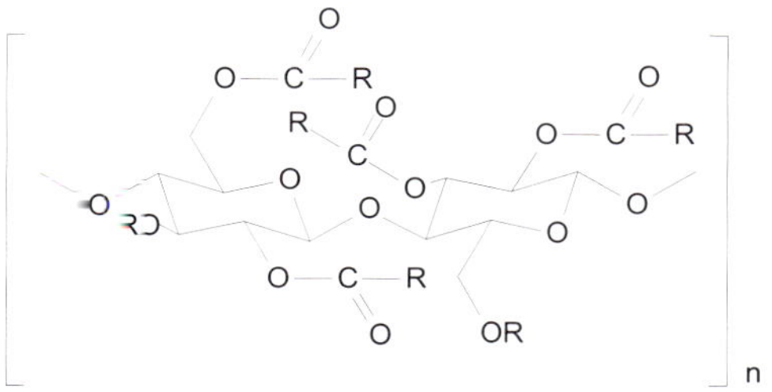

4.2 Chemische Struktur der Biopolymere

Bild 4.87 Strukturformel Cellulosetriester

4.2.3.3 Celluloseester (CA, CP, CB, CN, CAB, CAP)

Wie bei den Celluloseethern stehen, ausgehend von der Cellulose, auch bei den Celluloseestern je Glucoseeinheit 3 Hydroxygruppen zur Veresterung zur Verfügung. Durch diese Hydroxygruppen fungiert die Cellulose chemisch als Alkohol bei der Veresterungsreaktion mit einer Säure wie z. B. Essigsäure oder Essigsäureanhydrid. Neben dem Polymerisationsgrad (DP) und den zusätzlich zugegebenen äußeren Weichmachern bestimmen bei den Celluloseestern insbesondere die Art der Substituenten, der mittlere Substitutionsgrad (DS) und die Verteilung der Substituenten pro Monomereinheit sowie die Taktizität die resultierenden Werkstoffeigenschaften.

Wie bei den Celluloseethern erfolgt auch bei den Celluloseestern die Bezeichnung der Cellulosederivate nach den Esterresten bzw. der Bezeichnung der esterförmigen Monomerbausteine, Bild 4.88 und Tabelle 4.4.

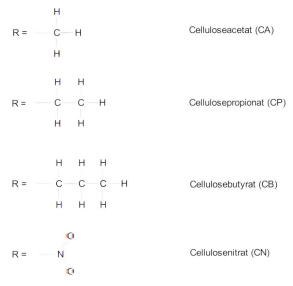

Bild 4.88 Struktur verschiedener Celluloseester

Tabelle 4.4 Übersicht über den Aufbau der wichtigsten Celluloseester
(Cell steht hier für den Celluloserest an der Hydroxygruppe)

Rest R	Cell-R	Celluloseester
CH_3	Cell-CH_3	Celluloseacetat (CA)
C_2H_5	Cell-C_2H_5	Cellulosepropionat (CP)
C_3H_7	Cell-C_3H_7	Cellulosebutyrat (CB)
NO_2	Cell-NO_2	Cellulosenitrat (CN)
CH_3 und C_2H_5	Cell-CH_2-C_2H_5	Celluloseacetat-propionat (CAP)
CH_3 und C_3H_7	Cell-CH_3-C_3H_7	Celluloseacetatbutyrat (CAB)

Im Gegensatz zu den Celluloseethern, welche u. a. aufgrund ihrer Hydrophilie und ihrem Vermögen zur Modifizierung der Viskosität wässriger Systeme als Additiv z. B. in Baustoffen, Farben, Lacken, Kosmetika, Bohremulsionen, Papier oder in Klebstoffen eingesetzt werden, werden Celluloseester u. a. mit verschiedenen phthalatförmigen Weichmachern mit bis zu 35 Gew.-% additiviert und überwiegend als thermoplastische Formmassen im Kunststoffbereich eingesetzt.

Daneben werden auch bei den Estern verschiedene Cellulosemischester wie z. B. Celluloseacetobutyrat (CAB) oder Celluloseacetopropionat (CAP) sowie auch teilsubstituierte Typen hergestellt.

4.2.3.4 Destrukturierte thermoplastische Stärke (TPS)

Aus chemischer Sicht handelt es sich bei destrukturierter, thermoplastischer Stärke wie auch bei der Cellulose um glucosidisch verknüpfte Makromoleküle. Während jedoch bei der Cellulose ausschließlich β-1,4-glucosidische Verknüpfungen vorkommen, treten bei der Stärke überwiegend α-1,4-, α-1,6- und vereinzelt auch α-1,3-glucosidische Bindungen auf. Diese unterschiedlichen glucosidischen Verknüpfungen sind vereinfacht gesagt, für die unterschiedliche Mikrostruktur der Stärke und Cellulose verantwortlich. Die α-glucosidischen Verknüpfungen führen bei der Stärke zu der linear aufgebauten, helixförmigen Amylose und dem verzweigten Stärkemakromolekül Amylopektin. Im Rahmen einer thermoplastischen Compoundierung werden bei der Stärkekorndestrukturierung diese Makromoleküle freigesetzt. Aufgrund des zur Cellulose ähnlichen konstitutiven Aufbaus der Amylose und des Amylopektins müssen zur thermoplastischen Verarbeitung der Stärke ebenfalls auch äußere Weichmacher wie z. B. Glycerin oder Sorbitol oder weitere Biopolymere als Blendkomponente eingesetzt werden. Zur genaueren Struktur siehe auch Abschnitt 4.1.4.1.

4.2.3.5 Stärkeacetat

Da bei den Stärkemakromolekülen Amylose und Amylopektin auch je Glucosebaustein wieder drei Hydroxygruppen als reaktive Gruppe zur Verfügung stehen, sind grundsätzlich die Reaktionen der Cellulosederivatisierung auch bei der Stärke vorstellbar. Da jedoch die Stärke nicht über den einheitlichen, linearen und chemisch stabilen Grundaufbau der Cellulose verfügt und die Stärkenmakromoleküle auch durch das verknüpfende, stärker exponierte Sauerstoffatom chemisch instabiler sind, sind diese Reaktionen jedoch nur bedingt übertragbar. Der wichtigste Vertreter der Stärkederivate ist das Stärkeacetat, welches insbesondere auf Basis von High-Amylosestärke für abbaubare Folien interessant ist. Der konstitutive Aufbau und auch die Bezeichnung sowie die Parameter wie z. B. Substitutionsgrad oder Taktizität entsprechen den Celluloseacetaten. Die Substitutionen der Hydroxygruppen durch Acetatgruppen reduzieren auch bei der Stärke die zwischenmolekularen Wechselwirkungen, (innere Weichmachung), verbessern oder ermöglichen eine thermoplastische Verarbeitbarkeit und reduzieren die Abbaubarkeit der Stärkeacetate gegenüber der nativen Stärke. Aufgrund der α-glucosidischen Verknüpfungen ist jedoch die Konformation und Konfiguration im Vergleich zu den Celluloseacetaten unterschiedlich.

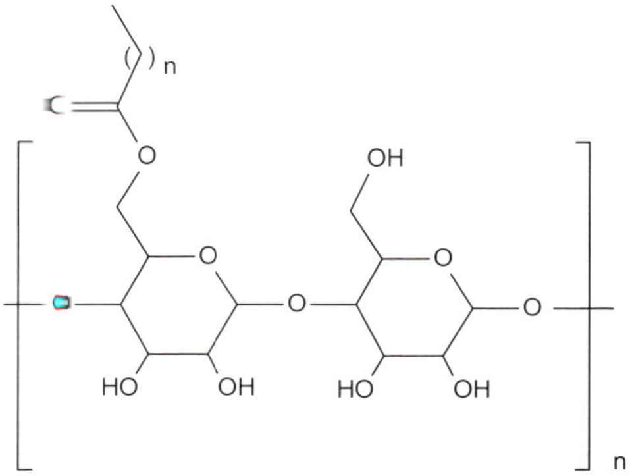

Bild 4.89 Innere Weichmachung thermoplastischer Stärke durch Veresterung

4.2.4 (Bio-)Polyester

Bei einer Vielzahl der Biopolymere, wie z. B. die Polylactide, Polyhydroxyalkanoate oder Polycaprolactone handelt es sich auch um Polyester, obwohl diese im allgemeinen Sprachgebrauch oft nicht den Bio-Polyestern zugeordnet werden. Oft wird nur bei den Co- oder Terpolyestern wie PTT, PBAT oder PBS von Bio-Polyestern gesprochen, während die Homopolyester PLA, PCL oder die PHA-Homo- und -Copolyester als eigenständige Polymertypen aufgefasst werden.

Allgemein wird eine Esterbindung durch folgenden Aufbau charakterisiert:

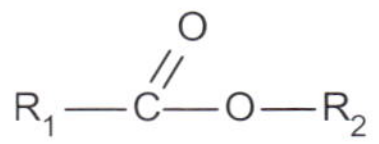

Bild 4.90 Strukturformel einer Esterbindung

Ester entstehen chemisch u. a. meist durch die Gleichgewichtsreaktion von Alkoholen und Säuren unter Abspaltung von Wasser. Je nach Alkoholüberschuss oder der kontinuierlichen

Entfernung des Wassers als Reaktionsprodukt, beispielsweise durch azeotrope Destillation, lässt sich das Gleichgewicht bei der Veresterungsreaktion verschieben.

In den verschiedenen Biopolymerpolyestern sind die verschiedenen Monomereinheiten jeweils über diese Esterverbindung überwiegend als linearer Kopf-Schwanz-Polyester miteinander verknüpft.

Vereinfacht gesagt unterscheiden sich diese Polyesterpolymere dabei chemisch nur durch die Restgruppen der Ester.

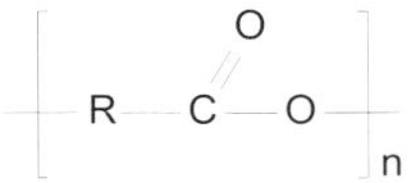

$$\left[\begin{array}{c} \\ R-C-O \\ \end{array} \right]_n \quad \text{mit } C=O$$

Bild 4.91 Allgemeine Struktur der Bio-Polyester

Im Folgenden sind zur Übersicht die unterschiedlichen für die jeweiligen Biopolymerester charakteristischen Restgruppen dargestellt. Die genauere Herstellung/Polymerisation dieser verschiedenen Biopolymere ist im vorherigen Abschnitt 4.1.1 dargestellt.

4.2.4.1 Polylactid (PLA)

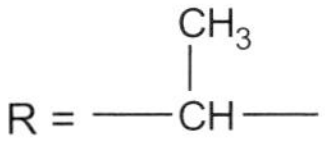

$$R = -\underset{\underset{CH_3}{|}}{CH}-$$

4.2.4.2 Polyhydroxybutyrat (PHB)

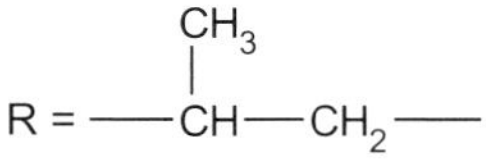

$$R = -\underset{\underset{CH_3}{|}}{CH}-CH_2-$$

4.2.4.3 Polyhydroxyvalerat (PHV)

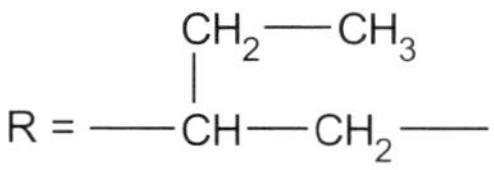

$$R = -\underset{\underset{CH_2-CH_3}{|}}{CH}-CH_2-$$

4.2.4.4 Polyhydroxyhexonat (PHH)

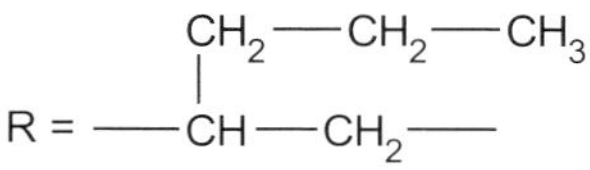

$$R = -\underset{\underset{CH_2-CH_2-CH_3}{|}}{CH}-CH_2-$$